Pooja Jha
A K Sachan
R P Singh

Melhoria das propriedades do betão através da utilização de materiais residuais

**Dedicado a Deus, a
fonte de energia suprema
que se espelha em
várias formas e relações,
ou seja, aos
meus Mentores, aos
meus amados
Pais e Irmãs**

Conteúdo

Imprint

Cover image: www.ingimage.com

This book is a translation from the original published under ISBN 978-620-7-48457-7.

Publisher:
Sciencia Scripts
is a trademark of
Dodo Books Indian Ocean Ltd. and OmniScriptum S.R.L publishing group

120 High Road, East Finchley, London, N2 9ED, United Kingdom
Str. Armeneasca 28/1, office 1, Chisinau MD-2012, Republic of Moldova, Europe
Managing Directors: Ieva Konstantinova, Victoria Ursu
info@omniscriptum.com

Printed at: see last page
ISBN: 978-620-8-37017-6

Pooja Jha
A K Sachan
R P Singh

Melhoria das propriedades do betão através da utilização de materiais residuais

Materiais

ScienciaScripts

RESUMO

Atualmente, os resíduos são utilizados como materiais de substituição vantajosos na indústria do betão. As cinzas de bagaço de cana-de-açúcar (SGBA) e o pó de pedra (SD) são utilizados como materiais de substituição parcial na mistura de betão. As cinzas de bagaço de cana-de-açúcar (SGBA) são utilizadas como materiais pozolânicos para o desenvolvimento de misturas de cimento. Poucos estudos foram relatados sobre a utilização de cinzas de bagaço como material pozolânico, substituindo parcialmente o cimento e o pó de pedra substituindo parcialmente a areia na mistura de betão, e nenhum estudo detalhado sobre as propriedades de resistência e durabilidade da mistura de betão contendo SGBA e SD foi relatado até agora. O principal objetivo da presente investigação é avaliar a eficiência da SGBA como material cimentício suplementar com referência às propriedades de resistência e durabilidade em betão misturado e também identificar os níveis óptimos de substituição de cimento Portland normal (OPC) por SGBA e substituição de areia por pó de pedra em betão misturado. O betão de mistura foi preparado substituindo o OPC por SGBA (10% em peso de cimento) e substituindo a areia de rio por pó de pedra (10%, 20%, 30%, 40% e 50% em peso de areia) em condições secas. A análise mineralógica do betão misturado com SGBA revela que a reação entre a sílica presente na SGBA e a cal extra no OPC tem lugar e produz um gel C-S-H (I). O desenvolvimento da resistência no betão misturado é atribuído principalmente ao componente gel de C-S-H (I) (silicato de cálcio hidratado). Para cumprir este objetivo, foram realizadas experiências em três fases, de acordo com os procedimentos de ensaio normalizados, conforme documentado nos códigos IS relacionados. Na primeira fase, as propriedades dos ingredientes, como a consistência padrão, o tempo de presa inicial, o tempo de presa final e a resistência à compressão do cimento, o módulo de finura dos agregados, a gravidade específica e a absorção de água dos agregados, etc., foram avaliadas de acordo com os procedimentos padrão. A caraterização da SGBA e da OPC foi realizada utilizando várias técnicas como XRF, XRD, SEM e EDS para avaliar a adequação da cinza de bagaço como material de substituição no betão. Na segunda fase, as propriedades de resistência e durabilidade da mistura de betão com SGBA e da mistura de betão com SD foram também avaliadas separadamente para determinar o nível ótimo de substituição sem comprometer a resistência à compressão da mistura de betão. No entanto, na terceira fase, o estudo limitou-se ao betão com 10% (ótimo) de substituição de cimento por SGBA adicionado com pó de pedra em proporções variáveis (10%, 20%, 30%, 40% e 50%) em substituição da areia.

Além disso, os vários ensaios do betão endurecido, tais como a trabalhabilidade, a resistência à compressão (CS) e a resistência à tração por compressão (TS), foram realizados de acordo com os procedimentos de ensaio normalizados indicados em vários códigos IS. Os resultados são analisados e apresentados. Os ensaios de durabilidade (DB), como o ensaio de resistência aos sulfatos (SRt) e o ensaio de resistência aos ácidos (Art), foram realizados para determinar as várias propriedades do betão no estado endurecido. O ensaio de resistência aos ácidos foi realizado nos provetes após 28 e 90 dias de imersão em ácidos (ácido clorídrico a 5% (HCI) e ácido sulfúrico a 5% (H2SO4)). O teste de durabilidade também foi realizado através do teste de resistência ao sulfato (SRt), no qual os espécimes foram expostos ao respetivo condicionamento químico durante 28 dias, 90 dias, 180 dias e 365 dias e a perda percentual de resistência à compressão da mistura de betão ideal foi determinada e comparada com o betão padrão sem substituição de SGBA e SD. Os resultados dos ensaios revelam que o cimento substituído por 10% de SGBA e a areia substituída por 40% de pó de pedra melhoram a resistência e a durabilidade da mistura de betão. Por conseguinte, até 10% de substituição de cimento por SGBA no betão pode ser considerado como o nível de substituição ideal com a adição de areia substituída por 40% de pó de pedra e a amostra é designada como (10BA40SD). A partir dos resultados, a resistência à compressão foi encontrada no máximo (41,22 N/mm^2) para a amostra 10BA40SD. A perda de resistência à compressão foi mínima de 1,25%, 6,94% e 10,25% aos 90 dias, 180 dias e 365 dias, respetivamente, nesta amostra de mistura de betão, quando os cubos foram curados em água e numa solução de sulfato de sódio de 20000 ppm. Por conseguinte, a amostra 10BA40SD obteve o melhor desempenho, tanto do ponto de vista da resistência como da durabilidade. Na terceira fase, a resistência à compressão foi modelada através do desenvolvimento da equação de regressão com a idade de cura, de modo a que a resistência à compressão pudesse ser prevista em qualquer idade de cura sem a realização de experiências. Os modelos de regressão que utilizam a função de potência, os polinómios quadráticos e cúbicos são desenvolvidos para a resistência à compressão de seis misturas de betão com a idade de cura e são analisados e apresentados. O melhor ajuste dos modelos baseou-se em valores mais elevados de R^2 >0,95. A análise dos três tipos de modelos revela que o modelo polinomial cúbico é o que melhor se ajusta, com um R2 igual a 0,992 para a amostra 10BA40SD, e apresenta o menor erro de previsão. Por conseguinte, as equações do modelo de ajuste cúbico podem ser utilizadas para prever a resistência à compressão da mistura de betão (10BA40SD) preparada com 10% de substituição do cimento por SGBA e 40% de

substituição da areia por pó de pedra.
Além disso, o resultado do presente trabalho pode ser utilizado como material de construção na indústria da construção, como edifícios, pontes, travessas de caminho de ferro, etc., e pode também encontrar aplicações no fabrico de tijolos e de blocos de pavimentação.

RECONHECIMENTO

A.K. Sachan e ao Prof. R.P. Singh e ao Department of Civil Engineering, Motilal Nehru National Institute of Technology, Allahabad, por me terem dado a oportunidade de trabalhar sob a sua competente orientação. A sua orientação precisa com conhecimentos enriquecidos, o seu encorajamento regular e as suas sugestões valiosas em todas as fases do presente trabalho, apesar dos seus outros compromissos, revelaram-se extremamente benéficos para a realização desta investigação. Considero-me afortunado por ter a oportunidade de trabalhar sob a sua orientação competente e de me enriquecer com os seus conhecimentos profundos. Estou muito grato ao Prof. A.K.Sachan, que gentilmente me permitiu realizar este estudo de doutoramento, a fim de melhorar a minha competência profissional e desenvolver a perspicácia para liderar a investigação neste domínio.

R.C. Vaishya (HOD), Departamento de Engenharia Civil, pelo seu amável apoio e orientação.

Um agradecimento especial ao Diretor e Coordenador (Programa de Melhoria da Qualidade do Ensino Técnico) TEQIP, MNNIT Allahabad, pela concessão de assistência financeira ao abrigo do esquema TEQIP, abrangendo todo o trabalho de investigação. A presente forma de trabalho não teria sido possível sem o seu apoio. O apoio financeiro (bolsas de estudo) concedido pelo MHRD é sinceramente reconhecido.

Estou extremamente grato ao Dr. Samata Samal, responsável pelo laboratório, IIT, Kanpur e ao Dr. Naresh Kumar, responsável pelo centro de instrumentação central, MNNIT, Allahabad, por me terem dado a oportunidade de trabalhar no seu laboratório para efetuar alguns ensaios importantes de amostras, no âmbito deste trabalho de investigação.

Gostaria de agradecer aos investigadores Ruchi Jha, Anjali Singh, Manjari Singh, Chandan Gupta, Shreekant Brigonda e Vishal Rawat pelo seu apoio moral durante o período de investigação.

Gostaria de agradecer ao pessoal do Laboratório de Engenharia de Estruturas, do Laboratório de Engenharia do Ambiente, do Laboratório de Geotecnia e do Laboratório de Engenharia Química pelo seu apoio durante o meu trabalho experimental.

Quero exprimir o meu profundo sentimento de gratidão, em especial aos meus pais e às minhas irmãs, que sempre me apoiaram e encorajaram a prosseguir estudos superiores e me proporcionaram o ambiente mais agradável para a realização da minha tese.

Dedico esta tese a esse forte poder Universal, o invisível, o não revelado, embora seja sempre a causa e o efeito por detrás de cada partícula à volta, que apresentou as ideias e forneceu uma abordagem pragmática e apoio para compreender o assunto com os mentores à volta.

Pooja

CAPÍTULO - I

INTRODUÇÃO

1.0 Generalidades

O betão é o material de construção mais consumido e desempenha um papel vital na indústria da construção nas últimas duas décadas na Índia. As necessidades de betão aumentam de dia para dia e, consequentemente, há uma maior procura de ingredientes para o betão, como o cimento, a areia e os agregados. No entanto, é necessário produzir betão com uma boa relação custo-eficácia, o que obrigou os investigadores a identificar materiais alternativos ao cimento e à areia, que são dispendiosos. O cimento e os agregados são os componentes essenciais do betão, disponíveis na forma natural. Devido ao esgotamento em grande escala das partículas de cimento e areia, existe a possibilidade de escassez destes materiais e também de criação de problemas ambientais. Além disso, a emissão excessiva de CO2 durante a produção de cimento desempenha um papel essencial na degradação ambiental. Para a conservação destes materiais, é necessário investigar materiais cimentícios alternativos e suplementares que possam ser utilizados como substitutos parciais ou totais dos materiais convencionais. A utilização de vários materiais de cimentação suplementares como substitutos do cimento pode reduzir a libertação de CO2 do produto final de betão.

Os materiais de cimentação suplementares, como as cinzas volantes, a casca de arroz, a sílica de fumo, as escórias granuladas de alto-forno (Ggbfs) e as cinzas de bagaço de cana-de-açúcar (SGBA), etc., têm sido utilizados como substitutos parciais do cimento, produzindo betão ecológico e económico. As cinzas de bagaço de cana-de-açúcar podem ser utilizadas como alternativa ao cimento para o betão. Os resíduos de construção, como o pó de pedra, podem ser utilizados como uma alternativa promissora à areia de rio para o betão e podem ser utilizados como substitutos parciais ou totais da areia, uma vez que estão facilmente disponíveis e são baratos. Com base na literatura, estes materiais de construção e de resíduos agrícolas como material de substituição parcial podem revelar-se vantajosos na mistura de betão sem comprometer a resistência e a durabilidade do betão resultante e podem também resolver os problemas relacionados com a gestão de resíduos.

1.1 Motivação para o presente trabalho

A grande quantidade de resíduos gerados pela indústria agrícola e pela indústria da construção pode causar poluição atmosférica, pelo que é necessário gerir estes resíduos de modo a reduzir a poluição e os problemas relacionados com o ambiente. Vários materiais residuais (WM) têm sido utilizados na produção de betão. Atualmente, a procura de areia natural é também bastante elevada devido ao rápido crescimento das actividades de construção em todo o mundo. A SD pode ser utilizada como alternativa à areia de rio, substituindo-a parcial ou totalmente no betão, uma vez que é um material barato e facilmente disponível localmente. Do mesmo modo, a SGBa pode ser utilizada como alternativa ao cimento no betão. Estes materiais residuais têm um efeito positivo nas propriedades do betão. Boateng et al (1990) verificaram uma melhoria da resistência à compressão com a utilização de aditivos minerais. Entretanto, as propriedades mecânicas foram melhoradas com a utilização de SGBa até um determinado nível de substituição (Ganesan et al. 2007). Muitos pesquisadores observaram que a durabilidade, uma das propriedades essenciais do concreto, foi melhorada usando SGBa como substituição parcial do cimento (Lima et al. 2011; Joshaghani et al. 2016; Santos et al. 2017). Está provado que é vital que o betão seja capaz de suportar as condições para as quais foi concebido ao longo da vida útil de uma estrutura (Sobhani et al. 2012). A durabilidade e o desempenho da argamassa são afectados pelas propriedades da areia, pelo que o flyash pode ser considerado um componente essencial da argamassa de cimento (Rajput et al.2014). Balamurugan et al (2013) referiram que o pó de pedreira pode ser utilizado como um bom substituto da areia de rio, proporcionando uma maior resistência à compressão com 50% de substituição na mistura de betão. Quadri et al (2013) examinaram que os agregados finos substituídos por SD a um nível de substituição de 40% observaram uma resistência máxima à compressão. O ataque químico, a fissuração do betão e a consequente deterioração do betão, que resulta numa alteração de volume, tornam-se essenciais quando se trata dos aspectos de durabilidade do betão (Prasad et al. 2006). O ataque de sulfato (SA) resulta na deterioração do concreto, que inclui danos de decomposição de produtos micro-macro estruturais e de hidratação, causados principalmente devido ao ataque de sulfato no concreto (Gu et al. 2019; Cang et al. 2017), que minimizam a confiabilidade e levam à pré-falha das estruturas de concreto (Ikumi et al. 2019; Loudon 2003; Zhutovsky et al.2017).

Zuquan et al (2007) verificaram que a SA se deve principalmente à reação do sulfato de sódio [Na_2 SO4] e do hidróxido de cálcio [(Ca (OH) 2] para formar gesso, que reage posteriormente com hidratos de aluminato de cálcio para formar etringite (ETTG) com uma fórmula química C3A.3C8.H32. O ETTG e o gesso são os produtos primários formados quando os produtos de hidratação do cimento, incluindo o silicato de cálcio hidratado, reagem com a solução de sulfato de magnésio (Hekala et al. 2002). Estas são as duas principais reacções que desempenham um papel vital no ataque do sulfato de sódio ao betão. No presente estudo, as experiências foram conduzidas para atingir níveis óptimos de substituição de cimento e areia por SGBa e SD, respetivamente, variando as suas percentagens. No nível ótimo de substituição, foram estudadas e apresentadas as várias propriedades, tais como a trabalhabilidade, a resistência à compressão, a resistência à tração, a durabilidade, incluindo as resistências aos sulfatos e as propriedades da microestrutura (EDS, SEM, juntamente com os mapas elementares) do betão assim preparado.

1.2 Objectivos

O principal objetivo do presente trabalho de tese é observar a influência da SGBA e da SD como alternativa de substituição do cimento e do agregado fino em várias propriedades do betão. Os seguintes sub-objectivos são enquadrados para a tese abaixo: -

(1) Avaliar as propriedades dos vários ingredientes do betão.

(2) Verificar a adequação da SGBA como substituto parcial do cimento através da análise da microestrutura

(3) Estudar a influência da SGBA e do pó de pedra (SD) em várias propriedades do betão, adicionados individualmente em diferentes proporções.

(4) Estudar as propriedades de resistência e durabilidade do betão que contém cinzas de bagaço de cana-de-açúcar e pó de pedra e também realizar estudos de durabilidade do betão preparado em condições óptimas e compará-lo com o betão de referência.

(5) Para realizar a caraterização dos estudos utilizando XRD, SEM, EDS juntamente com o mapeamento elementar do betão preparado em condições óptimas para observar as variações na microestrutura.

(6) Desenvolver e validar um modelo matemático para a previsão de várias propriedades do betão e da sua durabilidade utilizando a análise de regressão múltipla.

1.3 Âmbito e aplicações do presente trabalho

O presente trabalho destina-se a efetuar uma análise pormenorizada dos seguintes subsistemas para as condições prescritas. Descreve a conceção da mistura de betão para o grau M25 de betão e a moldagem de cubos de betão do grau M25 de betão sem SGBA e SD e centra-se principalmente nas propriedades de resistência e durabilidade da mistura de betão com materiais de substituição única, como SGBA ou SD, e na análise detalhada da mistura de betão com substituição de SGBA e SD na mistura, juntamente com as técnicas de caraterização, como SEM, EDS, a fim de alcançar o nível de substituição ideal. Os cubos são submetidos a cura normal e com solução de sulfato de sódio e a ensaios de espécimes em várias idades. Traçar gráficos e comparar as resistências à compressão da cinza de bagaço de cana-de-açúcar e dos cubos de betão com mistura de pó de pedra curados em solução normal e de sulfato de sódio.

1.4 Organização da tese

A presente tese foi organizada em sete capítulos, como se descreve de seguida:

Capítulo - I: Este capítulo apresenta uma introdução sobre a utilização de materiais residuais, tais como SGBA e SD, no betão e os efeitos destes materiais residuais nas várias propriedades do betão. A motivação, os objectivos, o âmbito e a aplicação do presente trabalho são também descritos neste capítulo. Por fim, é apresentada uma observação final.

Capítulo - II: A revisão da literatura abrange estudos relacionados com o betão e as suas propriedades, a utilização de materiais cimentícios suplementares no betão, estudos detalhados de SGBA e SD como materiais de substituição no betão e o efeito destes resíduos nas propriedades do betão. O capítulo também aborda a caraterização dos materiais através de várias técnicas, como XRD, SEM/EDS e mapas elementares. A literatura também abrange modelos de betão para a previsão das propriedades de resistência do betão e termina com uma observação final.

Capítulo - III: Este capítulo trata dos materiais e da metodologia adoptada na presente investigação. Inclui as proporções de conceção da mistura e a metodologia implementada para estudar os detalhes dos processos de medição da resistência e os aspectos relacionados com a durabilidade foram ilustrados nesta secção. Foram ilustradas técnicas de caraterização de materiais, tais como XRD, SEM e EDS, juntamente com mapas elementares, para detetar a transição de fase no betão.

Capítulo - IV: Este capítulo descreve brevemente os estudos relacionados com a utilização de resíduos de cinzas de bagaço como substituição parcial do cimento através da análise da microestrutura, tais como XRF, XRD, SEM e análise EDS.

Capítulo - V: Este capítulo descreve sucintamente os estudos relacionados com a utilização de cinzas de bagaço como substituição parcial do cimento na mistura de betão, a fim de atingir o nível de substituição ideal, e de pó de pedra como substituição parcial da areia na mistura de betão. Foram realizados ensaios em betão endurecido, que incluem resistência à compressão (CS) e resistência à tração por compressão (TS) e ensaios de durabilidade, e são apresentados os resultados.

Capítulo - VI: Este capítulo descreve sucintamente a mistura de betão com um nível ótimo de substituição de cimento por SGBA com uma percentagem variável de substituição de areia por pó de pedra. Os estudos de durabilidade, que incluem o ensaio de resistência aos sulfatos (SRt), no qual os espécimes foram expostos ao respetivo condicionamento químico durante 28 dias, 90 dias, 180 dias e 365 dias, e a percentagem de perda de Cs com o betão padrão, foram comparados com o betão preparado em condições óptimas e com o betão de referência. Realizar os estudos utilizando SEM e EDS juntamente com mapas elementares do betão preparado em condições óptimas para observar as variações na microestrutura.

Capítulo - VII Este capítulo desenvolve e valida brevemente o modelo matemático para a previsão da resistência e a modelação estatística do betão utilizando cinzas de bagaço e pó de pedra com a ajuda da análise de regressão.

Capítulo -Vili: Este capítulo descreve sucintamente as conclusões retiradas do presente estudo e as recomendações para trabalhos futuros.

1.5 Observações finais

O presente capítulo destaca a importância dos resíduos como material de substituição na mistura de betão. Inclui um breve resumo sobre os resíduos agrícolas e de construção, motivações sobre o presente trabalho e objectivos importantes enquadrados para o estudo.

O âmbito e as aplicações são focados juntamente com a organização de todo o trabalho de tese. Os objectivos definidos para o presente trabalho, foram a fonte principal para o desenvolvimento dos capítulos - II, III, IV, V, VI, VII e VIII.

CAPÍTULO - II

REVISÃO DA LITERATURA

2.1 Geral

O ambiente tem sido afetado pela utilização e descarga de vários tipos de resíduos industriais e agrícolas desde o início da era industrial. Foram efectuados vários estudos para utilizar estes resíduos em obras de construção. Para além de se livrarem destes resíduos, a sua utilização em obras de construção protege o ambiente da contaminação. Estes resíduos têm sido utilizados para produzir betão ecológico de baixo custo. Os resíduos industriais e agrícolas são também utilizados para a produção de materiais de construção de baixo custo.

Este capítulo apresenta uma revisão exaustiva da literatura relacionada com a aplicação e utilização de materiais cimentícios suplementares (SCMs) e de resíduos industriais. Utilização destes resíduos, tais como cinzas de bagaço de cana-de-açúcar (SGBA) e pó de pedra (SD) na indústria do betão. A análise detalhada da atividade pozolânica das cinzas de bagaço de cana-de-açúcar, as propriedades físicas e químicas das cinzas de bagaço e a análise morfológica do betão assim produzido requerem atenção e foram bem consideradas na revisão da literatura. Os resíduos industriais, como o pó de pedra, e a sua influência nas propriedades frescas e endurecidas, como a durabilidade do betão, também são apresentados através de uma pesquisa bibliográfica exaustiva. A partir do levantamento exaustivo da literatura, as observações críticas derivadas são resumidas no final do capítulo.

2.2 Necessidade de materiais de substituição no betão

Como as actividades de construção continuam a aumentar de dia para dia, pode haver uma utilização excessiva dos recursos naturais utilizados para o fabrico de betão e também a libertação de gás CO2 durante a produção de cimento pode contribuir para a poluição ambiental. Além disso, a produção de resíduos também aumentou e pode causar a poluição do solo e do ar, o que acaba por afetar todo o ambiente. A fim de conservar estes recursos naturais, resolver os problemas ambientais e gerir adequadamente os resíduos, estes materiais residuais têm sido utilizados no betão por diferentes investigadores como materiais de substituição e podem revelar-se vantajosos no betão.

A incorporação de uma variedade de resíduos no fabrico de betão pode constituir uma solução satisfatória para algumas das preocupações e problemas ambientais associados à gestão de resíduos. O sector da construção utiliza grandes quantidades de materiais naturais e, por conseguinte, a sua capacidade de reciclar e valorizar uma variedade de resíduos é considerável. A vantagem técnica mais notável da adição destes aditivos minerais ao betão é a melhoria da resistência e da durabilidade do betão a vários tipos de ataques ambientais, etc., o que se deve principalmente à redução da permeabilidade resultante de um processo de refinação dos poros.

2.3 Materiais residuais na indústria do betão

Atualmente, o material de construção mais importante utilizado na indústria da construção é o betão. O betão é uma pedra artificialmente construída que resulta do endurecimento de uma mistura de cimento, agregados e água, com ou sem uma mistura adequada. O papel da pasta de água e cimento na ligação dos agregados e na formação de uma massa forte como uma rocha após o endurecimento resulta da interação química entre o cimento e a água. Os agregados são classificados como agregado fino (AF) e agregado grosso (AC). O AF consiste em areia cujo tamanho específico não excede 4,75 mm. O agregado CA consiste em cascalho, pedra britada, etc. de tamanho prático superior a 4,75 mm. Quando estes materiais são misturados de modo a formar um betão trabalhável, este pode ser moldado em vigas, lajes, etc. Algumas horas após a mistura dos materiais, estes sofrem uma combinação química e, como consequência, a mistura solidifica e endurece, atingindo cada vez mais força com o passar do tempo. O betão possui uma elevada resistência à compressão (CS) e uma fraca resistência à tração (TS). Também desenvolve tensões de retração. Foi registado que

A utilização do cimento Portland (P.C.) no betão, resulta numa melhoria drástica da resistência ao longo de um período de tempo de pouco mais de um século (1880-1990). O processo de fabrico de cimento é a principal razão para a emissão de CO2 e, a nível mundial, a indústria do cimento é o terceiro maior produtor de CO2. Só a indústria do cimento gera cerca de 7% de todas as emissões de CO2 no mundo [Malhotra (2002)]. Vários investigadores registaram um aumento drástico das emissões de CO2 provenientes da produção de cimento [Taylor *et al.* (2006) e Muga *et al.* (2005)]. Para ultrapassar estes problemas, o cimento pode ser substituído de forma adequada por um novo material emergente, aqui designado por SCMs. Estes são os materiais pozolânicos, que podem ser classificados como pozolana natural (N.P.) e pozolana artificial (A.P.). A N.P. pode ser geralmente encontrada em tufos vulcânicos, e a A.P. pode ser obtida a partir de cinzas volantes e escórias metalúrgicas, etc. [Malhotra (1987) e Mehta (1989)]. Muitos investigadores [Malhotra (1996), Aitcin (1998) e Mehta *et al.* (2006)] referiram que estas SCM são materiais de subproduto que melhoram as propriedades do betão e também protegem os recursos ambientais. Naik e Singh (1998) estudaram que estas SCMs podem diminuir a resistência inicial (E.S.) do betão, principalmente se a taxa de substituição do cimento (CRR) for maior. Ainda assim, com percentagens de substituição óptimas, produzem betão valioso, forte e durável. As SCMs são também um subproduto do silício (Si) e do alumínio (Al). Os teores de Al e Si têm vários benefícios, tais como permeabilidade reduzida, segregação reduzida, maior resistência ao congelamento e ataque de sulfato do betão. Não só isso, mas também foi relatado que a resistência à compressão (CS), bem como a durabilidade (DB) do concreto são melhoradas com o uso de SCMs (Bayapureddy *et al.2020,* Thomas *et* "/. 2021). Também estudos recentes mostram que a análise de regressão (AR) foi realizada por muitos investigadores para o desenvolvimento de modelos matemáticos para betão preparado utilizando os vários materiais residuais (Javed *et*"/.2020 e Shah *et al.*2021).

2.2.1 RESÍDUOS COMO SCMs

A classificação e as especificações de diferentes SCMs, como a cinza volante (Fa) e a escória granulada de alto-forno (Ggbfs), são apresentadas no Quadro 2.1 e no Quadro 2.2, de acordo com a ASTM C 618-94 (1994) para a Fa e a ASTM C 989-93 (1993) para a Ggbfs.

Tabela 2. 1 Classificação e especificações para Fa de acordo com ASTM C 618-94 (1994)

Especificações	**Tipos**
Cinzas vulcânicas ou pumicites e tufos	Classe N (pozolana em bruto)
Terra de diatomáceas	
Opalinocerontes e xistos	
Argilas calcinadas,	
Propriedades pozolânicas	Classe F
Propriedades pozolânicas e cimentícias	Classe C

Quadro 2.2 Classificação e especificações dos Ggbfs de acordo com a norma ASTM C 989-93 (1993)

Especificações	**Tipos**
Índice de baixa atividade (LAI)	Grau 80
Índice de atividade moderada (MAI)	Grau 100
Índice de atividade elevada (HAI)	Grau 120

A classificação das SCM de acordo com as normas e as suas utilizações são apresentadas na Fig.2.1

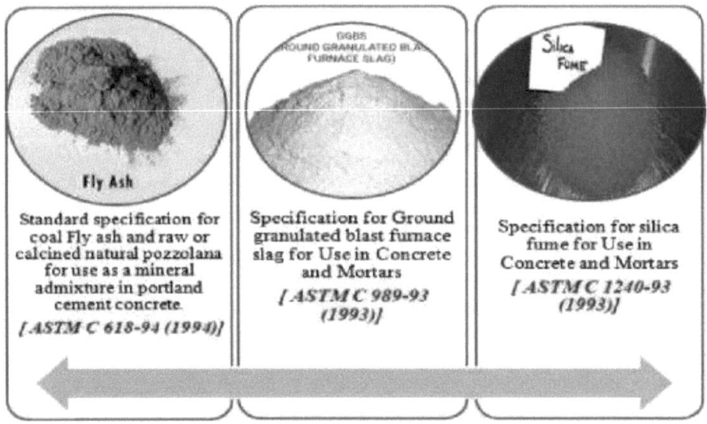

Fig. 2.1 Classificação, utilizações e especificações de vários SCM

A utilização de SCMs no betão é benéfica de muitas formas. Aumentam e aceleram a resistência do betão, melhoram a resistência contra o ataque de sulfatos, a resistência contra iões cloreto e tornam o betão mais fácil de bombear. Os SCMs também desempenham papéis úteis na redução da permeabilidade à água e outros fluidos, expansão deletéria e risco de formação retardada de etringite.

2.2.2 Diferentes tipos de SCM

Cinzas volantes (Fa). O Fa é um material silicioso ou de alumina siliciosa que pode ser utilizado como material de substituição do cimento devido a algumas propriedades semelhantes às do cimento. Melhora a trabalhabilidade, a resistência a longo prazo, a resistência ao ataque de sulfatos e a durabilidade do betão. O AF é formado a partir da queima de carvão em centrais de produção de energia eléctrica e tem uma elevada atividade pozolânica [Haque *et al.* (1998)]. Devido às suas propriedades químicas e aos seus constituintes minerais, a cor do AF pode mudar de castanho para cinzento escuro. São várias as áreas predominantes de aplicações da Fa: como na produção de betão [Sivasundaram *et al.* (I990)], clínqueres de cimento [Tironi *et*"/.(2013)], solidificação de resíduos [Puertas *et*"/.(2015)], betão geopolimérico no estado fresco [Embong *et*"/.(2016)], e material de embasamento de estradas [Sobolev *et*"/.(2014)]. O cimento é substituído por Fa, que é usado como um material de substituição de cimento, faz o concreto convencional e de alto desempenho, que é usado como SCMs na indústria da construção. Além disso, tem as vantagens ambientais de eliminação de resíduos e sequestro de CO2 [Ukwattage *et al.* (2015) e Dananjayan *et al.* (2016)]. Nas propriedades frescas do betão, significa que, nas primeiras idades, o Fa melhora a trabalhabilidade, o redutor de fissuras térmicas, o calor de hidratação também diminui no betão, no estado endurecido, de modo que, nos períodos posteriores, aumenta as várias propriedades, como a durabilidade, bem como as propriedades mecânicas do betão [Aahmaran *et* "/.(2009)]. Existem muitas limitações do Fa, e uma das falhas relatadas por Vargas e Halog (2015) é que a utilização total do Fa não é alcançada, e só pode ser parcialmente substituída pelo cimento no betão. Lam *et al.* (2000) descreveram as várias propriedades do betão com Fa, como as propriedades mecânicas, de fratura e de durabilidade, e o efeito de diferentes tipos de Fa em várias outras propriedades, como a resistência ao gelo-degelo, foi referido por Uysal e Akyuncu (2012). A percentagem máxima de Fa a ser utilizada no fabrico de cimento Portland Pozzolana, de acordo com o código IS-1489, 2000, é limitada a 35%. A partir da revisão da literatura, verificou-se que quando o Fa é utilizado para além de 35% de substituição do cimento, as caraterísticas de resistência deterioram-se e mostram uma taxa decrescente após atingir o valor de substituição ótimo. Na maioria dos casos, como o cimento Fa, é necessário melhorar a resistência da mistura, criando mais produtos de hidratação (Hashmi *et α*/,2021). É possível atingir mais de 50% de substituição de Fa através de procedimentos/técnicas de engenharia adequados.

Escória granulada de alto-forno (Ggbfs). As escórias granuladas de alto-forno são feitas do material utilizado para fabricar ferro e produzido nos altos-fornos. A uma temperatura de aproximadamente 1600°C, diferentes produtos como a escória fundida e o ferro fundido são formados pela combinação de coque, calcário e minério de ferro no forno. Malhotra *et al.* (1996) referiram que a Alemanha é o principal país do mundo a produzir uma grande quantidade de Ggbfs. O Ggbfs também tem sido utilizado na América do Norte. As escórias fundidas são constituídas principalmente por dióxido de silício, que varia entre 30% e 40%, e por dióxido de cálcio, que varia entre 40%. Através da utilização de jactos de água de alta pressão, os silicatos e a alumina, que são os componentes essenciais da escória fundida, são arrefecidos [Higgins (2007)].

Por conseguinte, forma-se um material vítreo granular durante o arrefecimento rápido, que tem propriedades hidráulicas latentes a temperaturas entre 900° e 800°C e resulta numa escória não cristalina. O nível de substituição de 35 a 65% de Ggbfs pode revelar-se vantajoso no betão, o que também ajuda a reduzir a produção de dióxido de carbono. Três graus de resistência do Ggbfs (Grau 80, 100 e 120) são mencionados na ASTM C 989 (1993).

Sílica de fumo (Sf). A Sf é fabricada a partir de silício metálico, liga de ferrosilício, que é recolhido do vapor oxidado no topo dos fornos de arco elétrico, e está a ser utilizada como material de cimentação suplementar para elementos de betão. Sf, também conhecido como fumos de sílica condensada, micro-sílica, pó de sílica, sílica volatilizada e microporos (nome de marca registada). A maioria das partículas de sílica de fumo são partículas ultrafinas, de forma esférica. Devido à sua elevada finura e teor de vidro, a Sf apresenta uma elevada reatividade pozolânica, que é muito construtiva quando utilizada em betão. O nível de substituição da Sf é mantido em cerca de 5% a 10%, quando o cimento é substituído por Sf [Kosmatka *et al.* (2003)].

As propriedades mecânicas do betão são substancialmente afectadas em consequência do reforço da zona interfacial. Amoudi *et al.* (2009) estudaram que a Sf tem uma influência vital na interface agregado-cimento (ACI). Devido à sua elevada pozolana e extrema finura, a sua adição à mistura de betão produz uma menor permeabilidade.

Ngun *et al.* (2011) documentaram que os efeitos da cinza de casca de arroz (RHA) e da Sf, tanto em sistemas binários como em sistemas ternários, nas propriedades das pastas de cimento e na CS dos betões foram estudados em pormenor. As várias propriedades físicas e químicas de vários SCMs, como Fa, Ggbfs e Sf, são apresentadas nas Tabelas 2.3 e 2.4, respetivamente.

Quadro 2.3 Propriedades físicas típicas de várias SCM

Propriedades físicas	**Fa (Gama)** [Neville(2005)]	**Ggbfs (Gama)** [Safiuddin *et al.(2006)]*	**Sf (intervalo)** [Neville(2005)]
Tamanho das partículas (PZE)	<1 µm a >100µιη	<45 µm	< ^m

Diâmetro das partículas (D)	< 20 μm de tamanho	-	
Área de superfície (SEA)	300 -500 mVkg (área de superfície mínima 200 m^2 /kg Área de superfície máxima 700 m^2 /kg)	400- 600 m /kg^2	13.OOO-3O.OOO m /kg^2
Densidade (p)	540-860 m /kg^2	-	481-720 kg in'
Densidade aparente máxima em armazenagem em embalagem fechada (BD)	1120-1500 kg/n?		131-430 kg/m"
Gravidade específica (SG)	1.9-2.9	2.61	2.22

Quadro 2.4 Propriedades químicas típicas de várias SCM

Química composição	**Fa% em massa** [Gesoglu *et al.* (2009)].	**Ggbfs % em massa** [Wu *et*"/.(2002)]	**Sf % em massa** [Yin et "/.(2002)]
SiO_2	27.88-59.40	35	95.3
CaO	0.37-27.68	40	0.3
A1 O_{23}	5.23-33.99	13	0.6
Fe O_{23}	1.21-29.63	-	0.3
MgO	0.42-8.79	8	0.4
Na O_2	0.20-6.90	-	0.3
SO_3	0.04-4.71	-	-
K O_2	0.64-6.68	-	0.8
TiO_2	0.24-1.73	-	-
LOI	0.21-28.37	-	-

2.2.3 A influência das SCM nas propriedades frescas do betão

O ensaio de abatimento pode ser realizado para avaliar as propriedades do betão no estado fresco. As SCMs finas, principalmente metacaulino e Sf, são utilizadas para reduzir o abatimento e aumentar o consumo de água [Neville (2005) e Safiuddin *et al.* (2006)]. No entanto, nem todos os SCMs causam aumento no consumo de água. Por exemplo, o Fa, bem como o Ggbfs, reduzem a necessidade de água e, ao mesmo tempo, melhoram as propriedades do betão fresco [Safiuddin *et al.* (2006)]. Por conseguinte, Gesoglu et al. [2009] concluíram que são necessários níveis de substituição mais elevados se se pretenderem melhores resultados, o que se manifestou no estudo efectuado por. Também poderiam adicionar os aditivos minerais e aumentar a capacidade de enchimento e de passagem do betão auto-adensável estudado por Wu *et*"/.(2002). Está ainda documentado que o efeito de redução da água foi maior quando o Fa foi utilizado como SCM a um nível de substituição de 40%. Resultados semelhantes podem também ser observados com a integração de Fa e super plastificantes em betão de alto desempenho (HPC). A mesma abordagem foi observada porque as consequências do seu estudo mostraram que a inclusão destes dois materiais melhora a trabalhabilidade, bem como o desempenho do betão [Yin *et*"/.(2002)].

2.2.4 A influência das SCMs nas propriedades endurecidas (HP) e na durabilidade (DB) do betão

Os efeitos benéficos das SCM nas várias propriedades do betão incluem as propriedades de endurecimento e a durabilidade do betão. Preencher os vazios disponíveis no cimento para aumentar a resistência à compressão e a durabilidade do betão através da introdução de SCMs no mesmo. Devido à hidratação, a inclusão de Fa no betão não só minimiza o empacotamento denso e o teor de água (W.C.), mas também aumenta a hidratação e as reacções pozolânicas, como consequência, desacelera a permeabilidade do betão. O hidróxido de cálcio Ca(OH)r pode desenvolver vazios permeáveis por natureza no betão endurecido durante o processo de hidratação. Ao adicionar hidróxido de cálcio durante a reação pozolânica, a lixiviação do hidróxido de cálcio pode ser minimizada. Os vazios podem ser obstruídos pelo gel de silicato de cálcio hidratado na reação química e aumentar a densidade do betão, o que, por sua vez, reduz a permeabilidade. As SCM, como a Sf, a RHA e o metacaulino, desempenham um papel essencial na melhoria da resistência do betão em idades precoces e tardias [Malhotra (1993) e Safiuddin *et* al. (2006)]. Por outro lado, a Fa e o Ggbfs não mostraram qualquer melhoria em idades precoces [Safiuddin *et al.* (2006)]. As proporções de escória, Sf e Fa aumentaram para atingir uma melhor resistência à compressão, tal como estudado por Penga *et al.* (2009) e mostraram as proporções de 17% para a escória, 15% para a Sf e 10% para a Fa. Durante a estação de inverno, o CS do betão produzido mostrou um aumento de aproximadamente 5% nas emissões de CO2 em comparação com o betão produzido na estação de verão, tal como concluído por Park *et al.* (2012). Além disso, também mostraram que a quantidade de CO2 emitida pelo betão contendo SCMs foi reduzida em 47% em comparação com o betão sem SCMs. Os aditivos como o Fa ou o Ggbfs foram considerados benéficos para o ambiente, uma vez que produzem uma menor quantidade de CO2. Devido aos efeitos combinados dos aglutinantes múltiplos no betão de alto desempenho, o

CS é significativamente reduzido. Uma parte considerável de Sf e Fa é considerada um fator essencial que afecta as propriedades do betão, incluindo a retração por secagem. Borhan *et al.* (2010) estudaram as várias propriedades, tais como a porosidade, a CS, a permeabilidade e a resistência a agentes químicos de argamassas de mistura múltipla (M.B.) contendo Fa e Sf. Os resultados mostram que a resistência à compressão foi 20% inferior para o betão M.B. numa idade precoce, enquanto na idade final a resistência das argamassas de controlo e do betão M.B. foi aproximadamente a mesma. Além disso, o betão M.B. superou o betão de controlo em termos de baixa permeabilidade. As SCM melhoram a resistência contra o ataque de sulfatos devido a uma boa atividade pozolânica que melhora a microestrutura e impede a formação de etringite, que é um fator importante do ataque de sulfatos [Saha *et al.* (2020)].

2.4 Literatura sobre a utilização de cinzas de bagaço como material de substituição na mistura de betão

2.3.1 Bagaço de cana-de-açúcar

A cultura da cana-de-açúcar é normalmente utilizada para produzir açúcar e etanol através de vários processos, como se mostra na Fig.2.2. A substância residual fibrosa conhecida como bagaço é obtida através da extração do sumo de açúcar da cana-de-açúcar, que representa aproximadamente 50% da qualidade da cana-de-açúcar [Bahurudeen e Santhanam (2013)]. A utilização do bagaço tem aumentado substancialmente com a crescente procura de açúcar e produção de etanol nos últimos anos.

Fig.2.2 Diagrama de fluxo para a produção de açúcar bruto e bagaço de cana-de-açúcar

O bagaço de cana-de-açúcar é amplamente utilizado como combustível na co-geração para produzir vapor e eletricidade. As cinzas de bagaço de cana-de-açúcar (SGBA) são derivadas das caldeiras das fábricas de açúcar como cinzas residuais de incineração como resíduo final na produção de açúcar, como mostra a Fig.2.3. Cada tonelada de bagaço queimado pode gerar 25-40 kg de cinzas de bagaço e, consequentemente, uma quantidade considerável de SGBA pode ser gerada [Sales *et al.* (2010)].

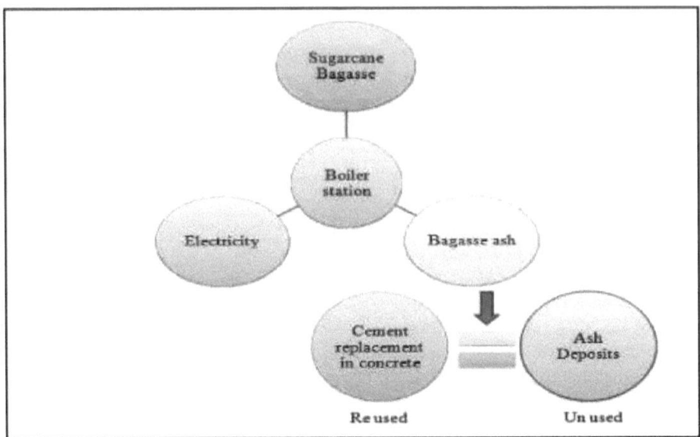

Fig.2.3 Aplicação do bagaço de cana-de-açúcar [Sales *et al.* (2010)]

2.3.2 Cinzas de bagaço de cana-de-açúcar

A literatura revela que a cana-de-açúcar contém 30% de bagaço, enquanto o açúcar recuperado é de cerca de 10% e o bagaço deixa cerca de 8% de cinzas de bagaço, dependendo da qualidade e do tipo de caldeira e do tipo de SGBA como resíduo [Goyal *et*"/.(2007)].

A produção de cana-de-açúcar aumenta de dia para dia e a eliminação das cinzas de bagaço torna-se uma preocupação séria.

Embora muitos investigadores tenham sugerido que as cinzas de bagaço podem ser utilizadas como material de substituição parcial do cimento. A Fig. 2.4 mostra o mecanismo de fluxo do fabrico de cinzas de bagaço a partir do bagaço de cana-de-açúcar.

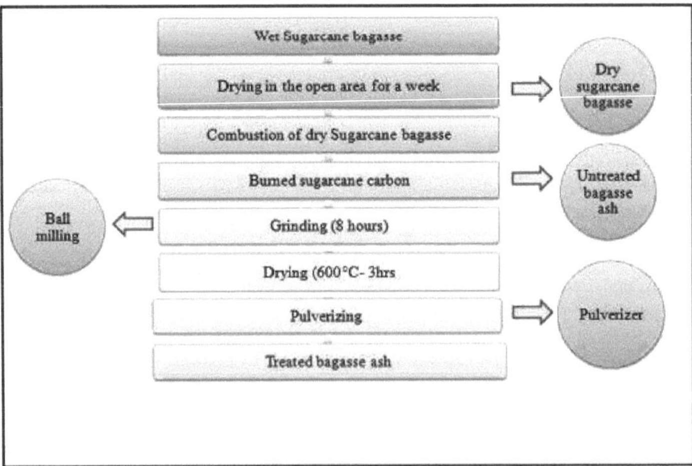

Fig.2.4 Etapas de produção de cinzas de bagaço de cana-de-açúcar [Praveenkumar *et al.* (2020)]

2.3.3 Propriedades das cinzas de bagaço de cana-de-açúcar

As cinzas de bagaço de cana-de-açúcar são utilizadas como material pozolânico, o que depende das suas propriedades físicas e químicas. As espécies cultivadas, as condições de crescimento da cultura, as condições de moagem, os métodos de recolha de cinzas, as regiões incluídas, a temperatura de combustão e a sua duração, e a duração do arrefecimento são os factores que controlam as propriedades pozolânicas [Al-Khalaf *et al.* (1984)].

2.3.3.1 Propriedades físicas da SGBA

Muitos investigadores estudaram as várias propriedades físicas (PP) da SGBA, tais como a finura de Blaine (BF), a densidade (DY), o pH, o índice pozolânico (PI), o tamanho das partículas (PZE), as propriedades microscópicas (MP), a área de superfície (SEA), a gravidade específica (SPY) e o índice de atividade da força (SAI). Muitos investigadores relataram que o SGB da cana-de-açúcar foi queimado a temperaturas entre 600-800 °C para obter o SGBA e também analisaram a formação de partículas esponjosas pela biomassa da cana-de-açúcar que pode ser parcialmente queimada ou não queimada (Chusilp *et al.* 2009; Cordeiro *et al.* 2012; Rattanashotinunt *et* "/.2013). O PZE antes e depois da moagem foi de 23 mm e 10 mm, respetivamente, e o SPY da SGBA foi de 2,2, enquanto o PZE do cimento foi de 14,6 mm e o SPY do cimento foi de 3,14. A finura do A SGBA pode ser melhorada através da utilização de um moinho de bolas (BM) para a moagem. Além disso, Amin (2011) observou que a SGBA tem um PZE de 5,1 mm, inferior ao do cimento Portland, que tem um PZE de 21 mm. A Tabela 2.5 mostra as várias propriedades físicas da SGBA conforme relatado na literatura.

Quadro 2.5 Propriedades físicas da SGBA

Materiais	**Tamanho das partículas (µm) d_x**	**Superfície Área**	**Superfície Ensaio de área ***	**Densidade $(Kg/m)^3$**	**Gravidade específica**	**Processo**	**Referências**
SGBA	5,40 (tamanho médio)	943m²/k g	BAP	-	1.85	Triturado até que o tamanho médio das partículas seja de 5,40 µm por peneira	Ganesan *et a/.*(2007)
SGBA	-	64 m/g²	BET	-	-	-	Batra *et al.* (2008)
SGBA SGBA1	23,00 (d50) 10,00 (d50)	:		-	2.08 2.29	Moído em moinho de bolas até que as partículas retidas sejam inferiores a 5%.	Chusilp *et al.C2.OQ9)*
SGBA	-	300 m/kg²	BAP	-	-	Moído e peneirado a 90 Peneira de µm	Morales *et a/.*(2009)
^{x}SGBA^{y} SGBA^{x} SGBA1^{y} SGBAl					2.22 2.09 2.47 2.16	Moído em moinho de bolas até as partículas retidas no peneiro de 45 µm serem inferiores a 5 %	Montakamtiw ong *et al.* (2013)
SGBA SGBA1	:	145 m/kg² 300 m/kg²	BAP	:	1.91 2.12	Moído em moinho de bolas até uma finura de 300 (m2/Kg)	Bahurudeen *et al.* (2015), Deepika *et al.* (2017)
SGBA SGBA1	:	169 m/kg² 210 m/kg²	BAP	-	1.91 2.10	Moído em moinho de bolas até uma finura de 300 (m2/Kg)	Bahurudeen *et al.* (2015)
SGBA1	5.68 (d80)	-			2.27	Moído em moinho de bolas até que as partículas retidas em 45 µm sejam 0,42%.	Rerkpiboon *et a/.*(2015)
SGBA	53,91 (tamanho médio g.)	40,28 m/g²	BET	2100		Peneirado a 75 µm	Arenas- Piedrahita *et al.* (2016)
^{x}SGBA^{y} SGBA^{x} SGBA1^{y} SGBAl	17,20 (dso) 23,90 (dso) 16,80 (dso) 26.10 (dso)					Triturar a 150 rpm durante 15 minutos.	Cordeiro *et al.* (2016)
SGBA1	27,61 (dso)	-	-	-	-	Moído em moinho de bolas até ao tamanho de partícula <45 µm	Akkarapongtra kul *et al.* (2017)
SGBA1	-	453,20 m/kg²	BAP	-	2.12	Moído em moinho de bolas	Kazmi *et al.* (2017)
SGBA1	4,70 (dso)	35,20 m/g²	BET	2110		Moído em moinho de tombos a Velocidade de 30rpm durante 4 horas	Cordeiro *et al.* (2018)
		8,15 m/g²	BET			Peneirado a 75 µm	Guglielmetti *et a/.*(2018)
SGBA1	11,37 (dso)	22631 m/g²	BET	-	2.42	Moído em moinho de bolas até que a	Andreão *et al.(2Q\9)*

						distribuição do tamanho das partículas passe 50% de 10 µm	
SGBA	17,75 (dio) 47,33 (dso) 103,52 (d)90	70,13 m /kg²	BET	3150			Batool *et al.* (2020)
Materiais: SGBA - cinza de bagaço de cana crua; SGBA1 - cinza de bagaço de cana está a ser moída;[X] SGBA da fonte 1;[Y] SGBA da fonte 2; * BET - Brunauer -Emmett - Teller test; BAP - Blaine Air Permeability test; dX - diâmetro das partículas para as quais X % das partículas são mais finas.							

As entradas em branco devem-se à falta de disponibilidade na literatura citada.

2.3.3.2 Propriedades químicas da SGBA

Os óxidos importantes observados na composição química da SGBA foram o dióxido de silício (S1O2), o óxido de alumínio (AI2O3), o óxido de ferro (Tc-O;), o óxido de cálcio (CaO) e o óxido de potássio (K2O). Outros óxidos foram encontrados em vestígios, como o óxido de di-sódio (Na_2 O), o trióxido de enxofre (SO3) e o óxido de magnésio (MgO), como mostra a Tabela 2.6. Os aglutinantes pozolânicos devem satisfazer os vários requisitos de composições químicas, (a) a soma de S1O2 mais AI2O3 mais Te3O3 por cento em massa deve ser mínimo 70%, (b) S1O2 por cento em massa deve ser mínimo 35%, (c) MgO por cento em massa não deve ser superior a 5%, (d) SO3 por cento em massa não deve ser superior a 3%, (e) álcalis por cento em massa não deve exceder 1.5%, e (f) o valor LOI deve ser inferior a 12%, de acordo com as especificações IS 3812. O betão fabricado com SGBA tem um valor LOI baixo e uma resistência à compressão melhor do que a do valor mais elevado de LOI. O facto de a SGBA ter um valor mais elevado de LOI indica a presença de carbono não alveolar e reduz a atividade pozolânica da SGBA. Cordeiro *et al.* (2009) efectuaram a análise quantitativa de XRD utilizando o software Topas v. 3 da Bruker com base no método de Rietveld. Os resultados mostraram que a SGBA moída e queimada a uma temperatura de 700-900 C tem 78,3% de sílica na forma de 59% de quartzo e 16% de cristobalita. A percentagem mais elevada de quartzo deveu-se às partículas de areia agarradas à cana de açúcar durante a colheita. A cristobalita indica a fase cristalina da sílica. A cristalização deveu-se à maior temperatura de combustão da SGBA. O método de Rietveld quantificou o teor de sílica amorfa nas cinzas da biomassa de cana-de-açúcar, que se revelou ser de 24 ± 4%. A natureza amorfa da sílica deu melhores resultados pozolânicos do que a natureza cristalina. Paya *et al.* (2002) caracterizaram a SGBA pelo método XRD. Foi inferido que os picos de S1O2 (quartzo) e 2S1O2. 3A^O3 (mulita) indicam a fase cristalina. Várias propriedades químicas do SGBA são mostradas na Tabela 2.6.

Quadro 2.6 Propriedades químicas da SGBA

SiO_2	A1 O_{23}	Fe O_{23}	CaO	MgO	K O_2	Na O_2	assim3	Outros	LOI	Referências
72.74	5.26	3.92	7.99	2.78	3.47	0.84	0.13	1.91	0.77	Hernández *et at.* (1998)
63.16	9.70	5.40	8.40	2.90			2.87		6.90	Singh *et al.* (2000)
59.87	20.69	5.76	3.36	1.87	1.37	1.11	1.06		0.63	Paya' *et al.* (2002)
64.15	9.50	5.52	8.14	2.85	1.35	0.92			4.90	Ganesan *et a/.* (2007)
78.34	8.55	3.61	2.15		3.46	0.12			0.42	Cordeiro *et al.* (2008)
64.88	6.40	2.63	10.69	1.55			1.56		8.16	Chusilpet *al.* (2009)
58.51	7.32	9.45	12.56	2.04	3.22	0.92	0.53	2.43	2.73	Morales *et al.(* 2009)
60.96	0.09	0.09	5.97	8.65	9.02	0.70		8.82	5.70	Cordeiro *et al. (2009)*
59.35	7.55	9.83	12.89	2.1	3.41	0.96	0.72	2.52	0.81	Morales *et al.* (2009)
69.40	11.26	5.41	2.51	1.28	3.45	0.09	1.83	2.99	1.56	Fr'ias *et α/.*(2011)
55.97	12.44	6.50	0.84	0.48	0.90	""	1.00	3.65	17.98	Fr'ias *et α/.*(2011)
66.61	9.46	10.08	1.43	0.92	3.19	0.22	0.10	3.48	4.27	Fr'ias *et al.* (2011)
54.4	9.10	5.50	12.40	2.96	1.10	0.90	4.10		9.40	Chi *et al.* (2012)
72.80	6.40	5.50	3.80	2.30	2.70	1.20			3.70	Agredo *et al.* (2014)
61.30	5.60	5.60	3.90	3.20	5.00	0.90			11.00	Agredo *et al.* (2014)
31.41	7.57	6.02	16.06	1.07	1.58	0.14	0.78	2.19	32.20	Castaldelli *et al.* (2013)
67.56	16.83	5.13	1.75		2.99		1.44	2.17	2.13	Souza *et al.* (2014)
78.59	4.47	4.88	1.34	1.03	2.37	0.22	0.66	2.03	4.40	Pereira *et al.* (2015)
55.04	5.14	4.06	11.03	0.91	1.22	0.24	2.16		19.6	Rerkpiboon *et al.* (2015)
80.90	7.52	5.95	0.95	0.57	1.23	0.10			0.81	Ferreira *et al.* (2016)
81.20	6.94	7.40	1.01	0.69	1.42	0.13			0.48	Ferreira *et al.* (2016)
41.10	24.10	15.70	4.00	2.45	4.54	2.11			2.11	Ferreira *et al.* (2016)
63.9	7.0	3.4	7.9	-	6.4		4.2	0.6	3.8	Andreão *et al.* (2019)

75.9	1.55	2.32	6.25	1.77	8.4	0.12	-	-	4	Murugesan *et al*. (2020)
72.12	-	1.54	6.30	-	13.81		2.97	2.75	-	Batool *et al*. (2020)

- mostra entradas em branco não disponíveis na literatura citada

2.3.4 Morfologia da SGBA

Muitos pesquisadores estudaram a caraterização do SGBA usando os difratogramas de raios X (XRD) e as técnicas de SEM, a fim de determinar a identificação morfológica, bem como a identificação mineralógica, juntamente com a composição elementar. Katare *et al.* (2017) observaram que as amostras de XRD de SGBA foram digitalizadas entre 10 e 80° (2θ) à taxa de 1,5°/minuto, juntamente com a identificação de picos para determinar as fases cristalinas. A Fig.2.5 mostra o padrão XRD de duas SGBA (SGBA-A e SGBA-B) e também as intensidades e posições do pico de Bragg no espetro. A percentagem de materiais amorfos para a SGBA-A foi de 61,08 % e para a SGBA-B foi de 62,09 %, o que indica o potencial pozolânico das amostras. Cordeiro *et al.* (2008) referiram que a atividade pozolânica da SGBA como PM depende da sua finura e do tamanho das partículas.

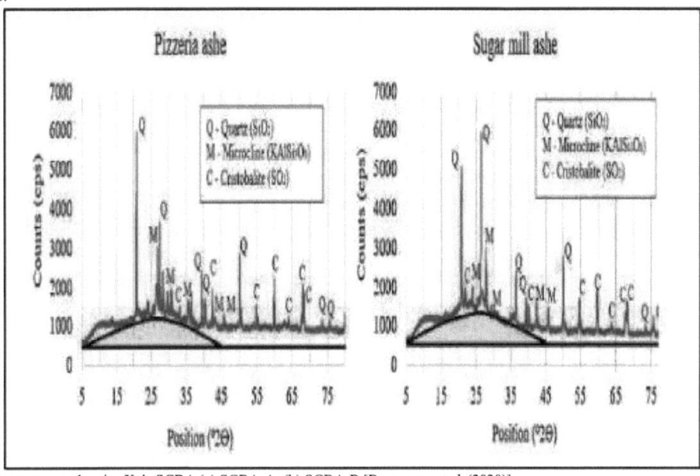

Fig.2.5 Difractogramas de raios X de SGBA (a) SGBA-A; (b) SGBA-B [Berenguer *et al.* (2020)]

Jagadesh *et al.* (2015) referiram que as imagens foram obtidas para conhecer a estrutura da superfície e o tamanho da morfologia dos elementos a partir da análise SEM. A fim de determinar a composição dos elementos, foi utilizada a técnica EDS. Esta baseia-se no princípio de que existe uma relação linear entre a energia dos fotões de raios X e cada impulso de tensão. As imagens de SEM mostram natureza fibrosa, massas cristalinas, camadas e forma tetraédrica prismática. Jagadesh *et al.* (2015) encontraram uma observação semelhante ao utilizar a técnica SEM para determinar a natureza dos materiais e a sua reatividade.

Bahurudeen *et al.* (2013) documentaram que a análise SEM/EDS da SGBA mostra diferentes tamanhos e formas de grãos de acordo com as condições de calcinação. Morales et al. (2009) relataram as diferentes formas das partículas, tais como arestas bem definidas de partículas prismáticas e partículas aglomeradas (AP) com elevada porosidade. A análise de EDS (ver Fig.2.6) examina que as AP (A) eram ricas em sílica (Si), óxidos de carbono e alumínio (Al), as partículas prismáticas (B) eram constituídas principalmente por Si, as esféricas (C) eram ricas em óxidos de cálcio e Si, ferro e Al e as partículas de carbono fibroso (D) eram constituídas principalmente por Si e Al, respetivamente. Dependendo da pirólise da cana-de-açúcar, os estudos mais recentes descobriram que as partículas de carbono fibroso da SGBA podem ser cobertas por Si e Oxigénio, afirmando que a presença de carbono não absorvido.

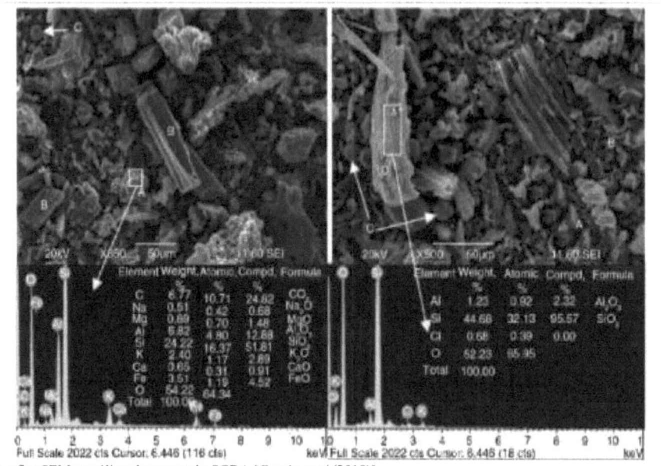

Fig.2.6 Micrografias SEM e análise elementar do SGBA [García *et al*.(2018)]

2.3.5 SGBA como materiais cimentícios suplementares (SCMs)

A SGBA pode ser utilizada como SCM, incorporando-a em materiais cimentícios. Além disso, a SGBA pode melhorar as propriedades mecânicas dos materiais cimentícios.

A SGBA como material cimentício pode ajudar a minimizar o custo dos materiais de construção, reduzir o problema da eliminação de resíduos e prevenir a poluição do solo e do ar. Também pode reduzir os gases com efeito de estufa (GEE) libertados na produção de cimento, uma vez que produz menos 74% de GEE em comparação com os gases produzidos na produção de cimento, como se mostra na Fig.2.7.

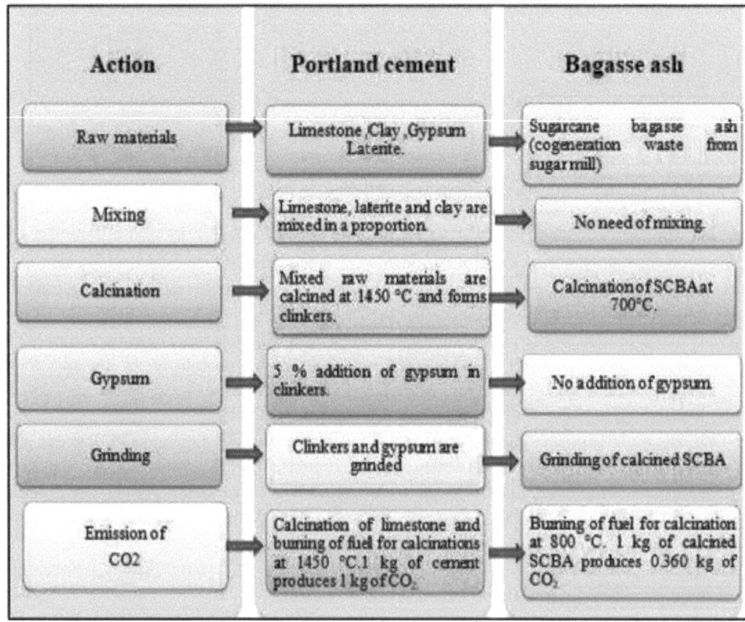

Fig.2.7 Comparação entre o cimento Portland e a cinza do bagaço de cana-de-açúcar

Vários estudos foram efectuados pelos investigadores sobre a utilização da SGBA como SCM, que é viável e pode resolver os problemas relacionados com a gestão de resíduos da SGBA. Atualmente, muitos investigadores têm relatado muitas observações da pesquisa bibliográfica sobre as várias aplicações da SGBA como materiais cimentícios no domínio da engenharia civil (Akram *et al.* 2009; Somna et al.2012; Montakamtiwong et al.2013; Bahurudeen et al.2015; Osinubi et al.2009; Jamsawang et al.2017; Khan et al.2015; Deepika et al.2017; Arif et al.2016; Arif et al.2017; Moraes et al.2016; Castaldelli et al.2013; Faria et al.2012; Sales et al.2010; Modani et al.2013; Moretti et al.2016; Lura et al.2020) e são mostrados na Fig.2.8.

Muitos investigadores observaram que algumas amostras de SGBA podem possuir uma boa atividade pozolânica e outras podem não possuir uma boa reatividade pozolânica. A SGBA pode ser utilizada como material de construção devido às suas propriedades pozolânicas (Cordeiro et al.2008; Sales et al.2010).

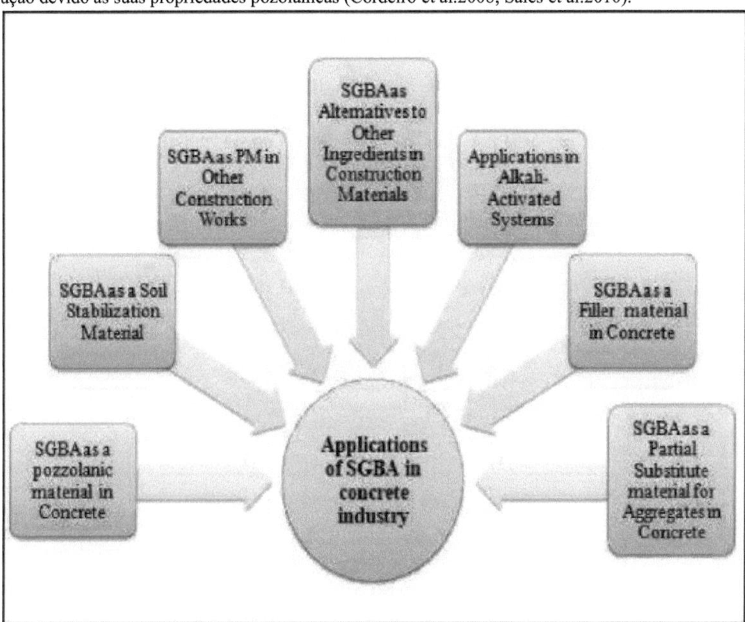

Fig. 2.8 Aplicações do SGBA na indústria do betão

2.3.6 Efeitos da SGBA nas propriedades do betão

A adição de material SGBA no betão pode melhorar as várias propriedades do betão em níveis de substituição específicos [Ganesan *et al.* (2007)], reduz o calor de hidratação [Cordeiro *et al.(2008)* e Chusilp *et al.*(2009)], melhora a durabilidade do betão [Lima *et al.*(2011), Joshaghani *et al.*(2016) e Santos *et al.*(2017)], e intensifica a interface entre a matriz cimentícia e o agregado [Rossignolo *et al.*(2017)]. Esses estudos provaram que a utilização de SGBA em materiais cimentícios é benéfica e também demonstraram o valor potencial de engenharia da SGBA. Além disso, a utilização de SGBA em material cimentício é profundamente significativa em vista da gestão de resíduos, proteção ambiental, redução de custos e conservação de recursos naturais. Muitos investigadores estudaram o efeito da SGBA nas várias propriedades do betão, que são apresentadas nas Figs.2.9, 2.10 e 2.11, respetivamente, para as propriedades físicas, mecânicas e de durabilidade.

Physical Properties of concrete	SGBA effect	References
• Workability	• The fresh properties of concrete decreases with increases in SGBA replacement level. It may be due to increases water demand.	• Hussein et al. 2014 ; • Patel et al.2015 • Sangeetha et al.2021
• Setting time	• Setting time increase with SGBA replacement level due to delays the initial hydration. It may probably because of its P_2O_5 and SO_3 contents	• Singh et al.2000; • Ganesan et al.2007; • Tantawy et al.2012; • Cordeiro et al.2019
• Drying shrinkage	• No consistent conclusion	• Bahurudeen et al.2015; • Arif et al.2017
• The water requirement for normal consistency of cement paste	• Consistency increase with SGBA replacement level increase. It may be due to specific surface area of bagasse ash is less than that of cement and hence it requires more water to meet the consistency and more time for setting.	• Singh et al.2000; • Ganesan et al.2007; • Sindhu et al.2021
• Soundness	• Small expansion, but less than permissible limit	• Bahurudeen et al.2015
• Hydration heat	• Total heat and peak heat rate decline with SGBA replacement level increase	• Montakarntiwong et al. 2013

Fig. 2.9 Efeito da SGBA nas propriedades físicas do betão

Mechanical Properties of concrete	SGBA effect	References
• Compressive strength (CS)	• Increases first in percentage of SGBA and attained an optimum value and then decreases. Increase in CS of different mixes during initial period was observed higher mainly due to pozzolanic properties of SGBA. Due to increase in CS can also be attributed to the physical and chemical properties of SGBA. High specific SEA possessed by SGBA may be responsible for increase in CS initially. The pozzolanic reactions between silica (SiO_2) and residual calcium hydroxide ($Ca(OH)_2$), and increase in calcium hydrate silicate (C-S-H) gel may have resulted into increase in the CS during initial period. Also, silica (SiO_2) has been itself hydrated in the alkaline environment may also be another reason for increase in the CS. The reduction in ultimate strength development at later stages due to the low reactivity of silica (SiO_2) and simultaneous reduction in CaO contents. This decrement of the strength beyond 10% replacement of cement by SGBA may be due to inadequate adhesion of SGBA with the surface of aggregate and cement, therefore, has resulted into reduced bond strength between the aggregate and cement in concrete mix.	• Ganesan et al.2007; • Bahurudeen et al.2015; • Montakarntiwong et al.2013; • Neto et al.2021
• Split tensile strength (TS)	• Increases first and then decreases with replacement rate increase. Due to brittle character of concrete, it has poor tensile strength about 10 to 15% of compressive strength) and is dependent on the CS. Like CS, the tensile strength was observed increasing with increase in percentage of SGBA and attained an optimum value at 10% replacement of cement by SGBA. The possible reason for gradual decrease in TS with increases in % SGBA may be due to filler effect.	• Ganesan et al.2007; • Amin 2011
• Flexural strength (FS)	• FS increases with increase the percentage of SGBA and curing age increase	• Srinivasan et al.2010; • Arif et al.2017
• Modulus of elasticity (ME)	• ME decreases with replacement rate increase or almost unchanged	• Rerkpiboon et al.2015 • Srinivasan et al.2010

Fig.2.10 Efeito da SGBA nas propriedades mecânicas do betão

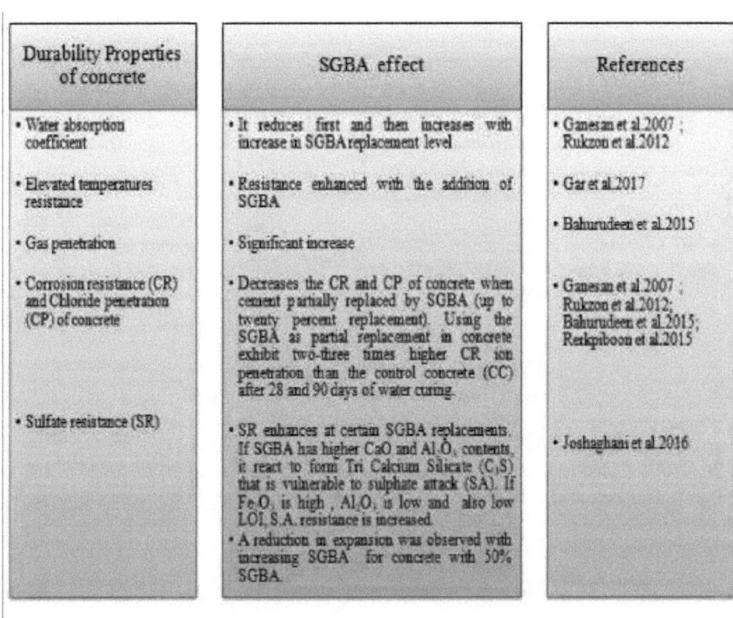

Durability Properties of concrete	SGBA effect	References
• Water absorption coefficient	• It reduces first and then increases with increase in SGBA replacement level	• Ganesan et al.2007 ; Rukzon et al.2012
• Elevated temperatures resistance	• Resistance enhanced with the addition of SGBA	• Gar et al.2017
• Gas penetration	• Significant increase	• Bahurudeen et al.2015
• Corrosion resistance (CR) and Chloride penetration (CP) of concrete	• Decreases the CR and CP of concrete when cement partially replaced by SGBA (up to twenty percent replacement). Using the SGBA as partial replacement in concrete exhibit two-three times higher CR ion penetration than the control concrete (CC) after 28 and 90 days of water curing.	• Ganesan et al.2007 ; Rukzon et al.2012; Bahurudeen et al.2015; Rerkpiboon et al.2015
• Sulfate resistance (SR)	• SR enhances at certain SGBA replacements. If SGBA has higher CaO and Al_2O_3 contents, it react to form Tri Calcium Silicate (C_3S) that is vulnerable to sulphate attack (SA). If Fe_2O_3 is high , Al_2O_3 is low and also low LOI, S.A resistance is increased. • A reduction in expansion was observed with increasing SGBA for concrete with 50% SGBA.	• Joshaghani et al.2016

Fig. 2.11 Efeito da SGBA na durabilidade do betão

2.4 Revisão da literatura sobre o pó de pedra utilizado como material de substituição na mistura de betão

A utilização de pó de pedra tem sido tratada em quase todo o mundo, mas a utilização estrutural do pó de pedra ainda está a ser investigada. Devido à exploração excessiva da areia dos rios e às suas consequências nefastas, o pó de pedra foi identificado como a próxima alternativa potencial à areia dos rios. Na Índia e noutros países, foram realizados muitos estudos sobre a utilização do pó de pedra no betão estrutural.

2.4.1 Propriedades do betão com resíduos de pedra

Alguns estudos sugerem que a utilização de pó de pedra como material de construção pode ser uma prática sustentável. Nos últimos anos, estudos têm afirmado que os resíduos da indústria da pedra podem ser eficazmente reciclados em betão, uma prática que beneficia certamente as indústrias da pedra e da construção. Durante o período 1985-2004, foram documentados resultados experimentais e desenvolvida uma base de dados. Foram investigadas as relações entre a resistência à compressão, a densidade, a resistência à tração, a resistência à flexão e o módulo de elasticidade. O pó de pedra é um problema para as pessoas que vivem nas proximidades das pedreiras e o despejo de pó de pedra é também uma questão ambiental grave. A exposição a estas partículas em suspensão, como lhe chamam os especialistas em poluição, durante longos períodos de tempo, pode causar graves problemas respiratórios nos seres humanos.

2.4.2 Problema das areias fluviais e suas alternativas

O esgotamento dos materiais de areia de rio devido à utilização excessiva desses materiais no betão tem levado a preocupações ambientais e, por conseguinte, a um aumento dos custos de dia para dia. As escavações profundas no leito do rio afectam o nível das águas subterrâneas e provocam a erosão das margens e dos terrenos próximos. Devido à utilização excessiva de areia fluvial, as indústrias da construção podem esperar uma grave escassez de areia num futuro próximo e procurar alternativas. Ekanayaka *et al* (2007) referiram que podem existir alternativas potenciais à areia fluvial: areia marinha próxima da costa, areia de dunas, areia terrestre, areia offshore, poeiras de pedreiras e areia manufacturada. Aggarwal *et al* (2007) observaram que a cinza de fundo pode ser recomendada como substituto da areia do rio. Foi utilizada na construção em todo o mundo devido à sua fácil disponibilidade, facilidade de extração, impacto ambiental e custo.

2.4.3 Pó de pedra com aditivos e misturas

Muitos investigadores referiram que várias propriedades do betão podem ser melhoradas através da utilização de pó de pedra juntamente com alguns aditivos e misturas. Karthikeyan e Ponni (2007) observaram que a areia foi substituída por pó de pedra e utilizada como material de enchimento em tijolos à base de flyash com cal e gesso. Safiuddin *et al* (2007) também trabalharam na substituição parcial de areia por pó de pedreira em betão contendo cinzas volantes/sílica ativa e o betão com areia substituída por pó de pedra em 20% de substituição em peso, o cimento foi substituído por 10% de cinzas volantes e 10% de sílica ativa em peso. Verificou-se que o pó de pedra como agregado fino melhorou a trabalhabilidade em termos de abatimento sem afetar a qualidade do betão. A resistência à compressão, o módulo de elasticidade dinâmico e também a absorção superficial inicial foram observados marginalmente aumentados. Joseph *et al* (2012) também investigaram a substituição completa da areia de rio convencional por várias combinações de areia laterítica e pó de pedra nas caraterísticas estruturais do betão. Norazila e Kamarulzaman (2010) verificaram que as propriedades da espuma de betão foram melhoradas com a substituição da areia por pó de pedra até 30%. Referiram ainda que a resistência à compressão e à flexão da espuma de betão com pó de pedra era quase 40% superior à da espuma de betão de controlo.

2.4.4 Efeitos do pó de pedra como material de substituição parcial nas diferentes propriedades do betão

Shanmugavadivu *et al.* (2008) referiram que foram preparados projectos de misturas de betão com pó de pedra como agregados finos e que foram preparados e testados vários tipos de betão. Devido à utilização de pó de pedra, o teor de agregado fino foi aumentado e, simultaneamente, o teor de agregado grosso foi reduzido. A relação água/cimento e o custo do betão foram reduzidos com o aumento das proporções de agregado fino.

2.4.4.1Efeito da substituição de resíduos de pedra na trabalhabilidade do betão

A trabalhabilidade é uma das propriedades mais desejáveis do betão. A capacidade de construção de uma estrutura de betão é grandemente influenciada pela trabalhabilidade do material fresco. Uma mistura de betão não trabalhável não fornecerá a resistência e a durabilidade necessárias. Esta secção do artigo analisa a trabalhabilidade obtida quando os resíduos de pedra foram utilizados como substitutos da areia, investigada por vários investigadores em estudos anteriores, conforme resumido na Tabela 2.7

Tabela 2.7 Efeito do SD nas propriedades do betão no estado fresco

S.N.	Propriedades frescas de betão	Resultados importantes	Referências
1.	Trabalhabilidade	Diminui com o aumento do nível de substituição do pó de pedra	Bonavetti *et al.* (1994)
		Diminui com o aumento do nível de substituição do pó de pedra	Celiket a/.(1996)
		Não há alterações na trabalhabilidade do betão até aos 15%.	Almeida *et al.* (2007)[a]
		materiais de substituição.	
		Foi observado um melhor resultado quando o pó de pedra foi utilizado como material de substituição.	Eren e Marar (2009)
		A propriedade fresca do betão melhorou com a utilização do pó de pedra em substituição parcial da areia do rio.	Abukersh e Fairfield (2011)
		As propriedades frescas, como a trabalhabilidade, foram melhoradas e o resultado desejado foi semelhante ao do controlo.	Ramos et *al.*(2013)
		A trabalhabilidade foi melhorada e deu os resultados desejados.	Bacarji et *al.* (2013)
		Diminui com o aumento do nível de substituição do pó de pedra	Gameiro *et* л/.(2014)
		Diminui com o aumento do nível de substituição do pó de pedra	Rana et л/.(2015)
		Diminui com o aumento do nível de substituição do pó de pedra	Singh *et al.QQVb)*

2.4.4.2 Efeito da substituição de resíduos de pedra na resistência do betão

O efeito do pó de pedra em várias propriedades mecânicas do betão é apresentado no Quadro 2.8

Quadro 2.8 Efeito do SD nas propriedades mecânicas do betão

S.N.	Mecânica Propriedades do betão	Resultados importantes	Referências
1.	Compressão e flexão força	A adição de pó de pedra no betão melhora a resistência numa idade precoce. As argamassas que continham 5 a 10% de pó de pedra apresentaram melhorias na sua resistência aos 28 dias. Qualquer substituição adicional de areia por pó de pedra levou a uma redução da resistência. Concluíram que a substituição de areia por pó de pedra aumentou a taxa de hidratação. Acelerou a hidratação do C_3 A e do C_3 S, aumentou a cristalização da portlandite, modificou o C-S-H e desenvolveu	Bonavetti *et a*/.(1994)
		carbo-aluminatos. Estas alterações podem ter acelerado a hidratação do cimento Portland nestas misturas de argamassa.	
2.	Compressão e flexão força	A resistência aos 7 dias e aos 28 dias aumentou até 10% de teor de pó de pedra e, para além desta percentagem, a resistência diminuiu. Para os espécimes que continham 0% e 5% de pó, a quantidade de partículas de pó	Celik *e* α/.(1996)

		presente era insuficiente para preencher todos os poros. Por conseguinte, a sua resistência era inferior à dos provetes que continham 10% de pó. Acima de 10%, o teor de finos no betão aumentou em vez de preencher os poros e aumentou a área total da superfície dos agregados; como 10% de pó de pedra era a quantidade ideal para preencher os poros.	
3.	Resistência à compressão e resistência à tração	A resistência foi melhorada após 7 e 28 dias quando 5% de areia foi substituída por pó de pedra. As principais razões para a melhoria da resistência foram a hidratação mais rápida e a melhor ligação dos componentes do betão. Verificou-se um aumento da resistência à tração até ao nível de substituição de 15%.	Almeida *et* ■ *//*.(2007h
4.	Resistência à compressão	Registaram-se ganhos de resistência à compressão até 15% de substituição, para condições de cura húmida e auto-clave. A razão por detrás do aumento da resistência foi a presença de um maior teor de cal nas misturas de lama.	Al-Akhras *et*
5.	Resistência à compressão	O desempenho mecânico das argamassas foi investigado utilizando 10% de resíduos de pó de mármore (ADM) como material de substituição do cimento e da areia após 7, 28 e 56 dias, tendo sido observada uma perda de 10% da resistência à compressão.	Corinaldesi *et a/*.(2010)
6.	Resistência à compressão	Diferentes proporções de areia de pedreira em três betões preparados com areia de granito, areia de basalto e areia de rio. A adição de areia de mármore levou a uma redução da resistência.	Silva *et a/*.(2013)
7.	Compressão força, Tensão de rutura e	A incorporação de 15% de partículas de poeira no betão não afectou significativamente a resistência à compressão do betão aos 7, 28 e 90 dias. As misturas que contêm 20 e 25% de poeiras têm baixa resistência	Vijayalakshmi *e a/*.(2013)
	resistência à flexão	devido à fraca compactação e ao aumento da porosidade. A resistência à compressão do betão com pó de pedra (até 15%) foi ligeiramente superior à do betão de controlo aos 7 dias, devido à hidratação acelerada e ao efeito de nucleação. A resistência à tração e à flexão do betão contendo pó de pedra (até 15%) foi comparável à do controlo e substituições superiores a 15% levaram a uma redução significativa da resistência. A diminuição da resistência foi atribuída à fraca interligação entre o agregado e a pasta de cimento.	
8.	Resistência à compressão	A substituição parcial de areia fina por pó de pedra melhora a resistência à compressão da argamassa e este facto foi atribuído ao efeito de enchimento e ao aumento da zona de transição interfacial.	Kelestemur *et a/*.(2014)
9.	Resistência à compressão, Resistência à tração por rutura	Neste estudo, foram preparados dois tipos de misturas de betão. Na mistura do tipo I, o cimento foi substituído por pó de pedra nos níveis 0%, 5%, 7,5%, 10% e 15%. As misturas do tipo II continham areia substituída por pó de pedra nas mesmas proporções. Quando o pó de pedra substituiu a areia (até 15%), a resistência à compressão aumentou na relação W/C de 0,40 e 0,50. Os resultados da resistência à tração para as misturas preparadas com substituição de areia foram análogos aos resultados da resistência à compressão.	Aliabdo *et a/*. (2017)
10.	Resistência à compressão, resistência à flexão	A resistência foi aumentada e melhorou a ligação entre as interfaces agregado-mortar. A resistência à flexão aumentou até 40% de substituição e não foi afetada pela utilização de 70% de pó de pedra	Singh *et al.(2020)*

2.4.4.3 Efeito da substituição de resíduos de pedra na durabilidade do betão

A vida útil das estruturas de betão depende geralmente da deterioração e da longevidade em condições ambientais agressivas. A água desempenha um papel importante em todas as condições ambientais agressivas a que o betão está sujeito. A porosidade do betão é o fator mais importante que influencia a propriedade de durabilidade do betão. Além disso, os produtos químicos agressivos, como cloretos, ácidos, CO_2, sulfatos e água, penetram facilmente no betão poroso. O betão impermeável não permite o movimento da água e de outros iões agressivos no seu interior.

Por conseguinte, a impermeabilidade do betão é geralmente considerada como a chave para a sua durabilidade. Quando uma estrutura de betão é exposta à água do mar ou a águas subterrâneas salobras, os iões de cloreto, juntamente com a água, são transportados para o interior do betão, provocando a corrosão. Do mesmo modo, o CO_2 presente no ar penetra no betão através dos seus poros. Na presença de humidade, o CO_2 reage com o cimento hidratado. O processo resulta na redução do pH da pasta de cimento endurecida e da água dos poros. Com o tempo, mais CO_2 entra no betão e a frente de pH baixo avança. Quando a zona de pH baixo atinge a proximidade do aço de reforço, a camada de passivação que protege o aço incorporado é quebrada e a corrosão do reforço começa.

O betão, sendo um material alcalino, também pode ser atacado por líquidos com pH inferior a 6,5 (ácidos). As estruturas de betão são frequentemente sujeitas a águas de charneca, chuvas ácidas, fluxo de esgotos e fluidos hidráulicos como o óleo lubrificante durante o seu período de serviço. A interação do betão com estes líquidos ácidos reduz a sua vida útil. Os sais solúveis como o sulfato de cálcio e o sulfato de magnésio presentes no solo ou nas águas subterrâneas reagem com produtos de hidratação como o hidróxido de cálcio, o hidrato de aluminato de cálcio e o hidrato de silicato de cálcio para formar produtos de hidratação expansivos como a etringite. O ataque do sulfato ao betão resulta em fissuração e expansão disruptiva do betão.

Assim, a estrutura do betão começa a perder resistência devido à menor coesão entre as partículas de cimento e também se perde a adesão das partículas de cimento à superfície do agregado.

A Tabela 2.9 apresenta uma série de estudos sobre os parâmetros de durabilidade em termos de porosidade, absorção de água, permeabilidade, carbonatação, migração de iões cloreto, resistência aos sulfatos, resistência aos ácidos, reação alcalisílica, resistência à abrasão e à corrosão do betão com resíduos de pedra.

Tabela 2.9 Efeito do SD nas propriedades de durabilidade do betão

S.N.	Durabilidade Propriedades	Resultados importantes	Referências
1.	Absorção de água	A absorção de água foi calculada no betão com pó de pedra de acordo com a norma ASTM C 642-90. A substituição de 15% de areia por pó de pedra reduziu a absorção de água devido à redução do volume dos poros e da interconectividade entre eles.	Almeida *et al.* (2007)
		A utilização de polímeros para incorporar o agregado fino de mármore reciclado pode aumentar consideravelmente a absorção de água	Hwang *et al.(ЮЩ*
		A adição de 15% de pó de pedra não influenciou a absorção de água capilar do betão	Menadi *et al.* (2009)
		A incorporação de 20% de agregados finos de mármore diminui a absorção de água do betão. A absorção de água diminui em cerca de 17,8% e 3,1% na substituição completa quando a areia de mármore é incorporada no betão de areia de granito e basalto. A absorção de água do betão de areia de rio também diminuiu até ao nível de substituição de 50%. No entanto, a substituição completa da areia de rio por areia de mármore conduziu a um aumento (11,2%) da absorção de água.	Gameiro *et al.* (2014)
		É referido que 70% de pó de pedra pode substituir eficazmente a areia do rio, reduzindo a absorção de água, o que melhora as interfaces argamassa-agregado.	Singh *et al.* (2016a)
2.	Penneabilidade (K)	O betão com substituição de pó de pedra até 30% aumentou a impermeabilidade do betão ao bloquear as passagens capilares. A penneabilidade (K) das misturas de betão reduziu-se progressivamente com o aumento dos níveis de substituição. Concluíram que a quantidade de SD e as passagens capilares presentes no betão estão inversamente relacionadas.	Celik *et a/.*(1996)
		Eles investigaram 90 d de água K de misturas de betão contendo 15% de finos de calcário em areia calcária esmagada. Para medir o K da água, foi efectuado o teste DIN 1048, tendo sido analisado que a água As profundidades K das misturas de betão preparadas com 15% de finos de calcário foram consideravelmente inferiores às das misturas de controlo correspondentes.	Menadi *et al.(* 2009)
		A penetrabilidade da água aos 28 dias do betão aumentou com a adição de resíduos de pó de granito. No entanto, o coeficiente de água K do betão contendo até 15% de resíduos de pó de granito foi menor do que o limite máximo permitido (15 x 10-12 m/s) recomendado pela ACI 301-89.	Vijayalaks hmi *et a/.*(2013)
		De acordo com eles, a utilização de resíduos de pó de pedra (até 70%) no betão pode reduzir significativamente as profundidades de penetração da água. A profundidade de penetração de água do betão com 70% de pó de pedra foi ligeiramente superior à do betão com 55% de pó de pedra devido a uma compactação e trabalhabilidade deficientes. A redução da profundidade de penetração da água foi atribuída ao efeito de microenchimento do pó de pedra.	Singh *et al.* (2016)
3.	Porosidade	Observaram que as misturas de betão contendo SD apresentavam uma porosidade mais baixa do que as misturas de betão correspondentes preparadas sem SD com a mesma relação água-cimento.	Bonavetti *et a/.*(1994)
		A substituição de 15% de pó de mármore em vez de cimento ou areia diminui a porosidade das misturas de betão devido ao efeito de enchimento.	Aliabdo *et al.* (2014)
		Observaram que a areia manufacturada derivada de resíduos de calcário pode reduzir consideravelmente a porosidade. No entanto, devido à sua elevada angularidade, a areia britada substituiu a areia de rio, aumentando a porosidade do betão. A utilização de 10% de lama também foi eficaz na redução da peneiração.	Rana *et al.* (2016)
4.	Cloridião migração	Betão preparado a 90 dias de resistência à penetração de iões cloreto com 15% de finos de pedreira de calcário. A adição de finos de calcário na areia calcária triturada prejudicou a resistência à penetração de iões cloreto. Recomendaram que a utilização de finos de calcário em estruturas marinhas deve ser limitada. Pelo contrário, Binici et al. (2008) observaram que a adição de finos de calcário até 20% de substituição na areia calcária britada reduz significativamente a permeação de iões cloreto. O efeito de enchimento dos finos de calcário, o aumento da hidratação da pasta de cimento, a formação de carbo-aluminatos e a utilização de superplastificante podem ter resultado na redução da permeação de iões cloreto.	Menadi *et al.* (2009) Binici *et al.* (2008)
		Observaram a resistência à penetração de iões cloreto do betão com pó de granito após 180 dias e 365 dias. A penetração de iões cloreto tem uma relação direta com a	Vijayalaks hmi *et a/.*(2013)

		substituição de resíduos de granito. No entanto, a resistência à migração de iões cloreto do betão contendo pó de granito até 15 % foi quase equivalente à da mistura de controlo.	
5.	Sulfato Resistência	Adição de pó de pedra (até 15%) em areia manufacturada melhorada resistência ao sulfato do betão preparado com uma relação água/cimento de 0,50.	Binici *et al.* (2008)
		O betão com pó de granito apresentou uma menor resistência ao ataque por sulfatos devido à presença de gasóleo, querosene e cera nos resíduos de pó de granito. Para remover os vestígios de óleo contendo enxofre, recomendaram que os resíduos de pó de granito fossem branqueados quimicamente com éter de petróleo.	Vijayalaks hmi *et al.*(2013)
6.	Resistência a ácidos	Estudou-se a durabilidade da argamassa de areia calcária britada contra o ataque de HC1. Para este efeito, foram preparadas três misturas de betão com 0%, 50% e 100% de areia em substituição da areia natural do rio. Aumenta a resistência aos ácidos e diminui a porosidade da argamassa de betão com o aumento do nível de substituição. A argamassa preparada com 100% de areia calcária foi a mais resistente ao ataque do HC1.	Bederina *et al.*(2013)
7.	Abrasão Resistência	A utilização de finos de calcário (até 7-10%) na areia fabricada reduz a perda abrasiva devido a um aumento da resistência à compressão. No entanto, qualquer teor de finos superior a 10% reduz a resistência à abrasão do betão.	Binici *et al.* (2008)
		A utilização de areia de mármore reciclada no betão diminui a resistência à abrasão. O rácio água-cimento efetivo mais elevado e a suavidade do mármore foram as principais razões subjacentes ao aumento da abrasão.	Silva *et al.* (2013)
		Mediram a resistência à abrasão do betão de resíduos de corte de granito de acordo com a norma IS 1237:2012. A adição de 40% de resíduos de corte de granito no betão reduziu o desgaste abrasivo e sugeriram também que 40% de resíduos de corte de granito podem ser utilizados para ladrilhos, blocos de pavimentação e pavimentos rígidos.	Singh *et al.* (2020)

2.5 Previsão da resistência através da análise de regressão (RA)

A regressão é uma análise estatística que permite estimar as relações entre as variáveis que afectam a resistência do betão. Os modelos de regressão são amplamente utilizados para a predição e previsão, identificando simultaneamente duas ou mais variáveis independentes que explicam as variações na variável dependente. A análise de regressão ajuda a compreender como o valor típico da variável dependente se altera quando qualquer uma das variáveis independentes é variada, enquanto as outras variáveis independentes são mantidas fixas. Em todos os casos, o objetivo da estimativa é uma função das variáveis independentes denominada função de regressão. A MRA é uma técnica utilizada para modelar uma relação não linear aleatória entre as variáveis dependentes e independentes. A equação seguinte representa a MRA [Golafshani et al.2018]:

$$Y = \alpha + \beta_1 X_i + \beta_2 X_j + \beta_3 X_i^2 + \beta_4 X_j^2 + \ldots\ldots.. + \beta_k X_i X_j \quad (2.1)$$

Onde a = interceção, β = declive ou coeficiente, K = número de observações. A equação acima pode fazer uma estimativa para o valor de Y para cada valor de A.

A análise de regressão linear (ARL) é uma técnica em que existe uma relação linear entre as variáveis dependente e independente. Pode ser representada matematicamente da seguinte forma:

$$Y = a + \beta_1 X_1 + \beta_2 X_2 + \beta_3 X_3 + \ldots\ldots.. + \beta_i X_i \quad (2.2)$$

A equação acima pode ser utilizada para encontrar valores de Y para cada valor de entrada X.

Nas equações acima indicadas de MRA e LRA, "T" representa a resistência à compressão. Da mesma forma, os valores de "A" representam as entradas que são a idade, o teor de água, o teor de materiais de substituição, o teor de SP e a percentagem de agregados. Os modelos são desenvolvidos no software SPSS (Versão 23) pelos autores para as técnicas MRA e LRA utilizando as equações acima referidas. Muitos investigadores determinaram os modelos preditivos das propriedades do betão, derivados da ARM, que se encontram resumidos na Tabela 2.10.

Quadro 2.10 Modelos de betão para a previsão de várias propriedades do betão

Modelos	Equações do modelo	R^2 valores	Variáveis dependentes	Variáveis independentes	Referências
Modelo 1	CS = 5:685 +O:133PC b+0:097BFS + 0:079Idade	0.76	PC é o teor de cimento Portland (%), BFS é o teor de escória de alto-forno (%), FA é o teor de cinzas volantes (%), idade é a idade de cura (dias)	Resistência à compressão (CS)	Iqtidar *et al.* (2021)
Modelo 2	CS7= 202,75 + (0,03 X PC) - (0,11 X FA) - (0,10 X CAIO) - (0,05 X CA20) - (0,06 X W)	0.80 0.81	PC é o teor de cimento Portland, FA é o agregado fino, CAIO é o agregado de tamanho 10 mm, CA20 é o agregado de tamanho 10 mm e W é a água (todos os ingredientes em Kg/m)[3]	Resistência à compressão durante 7 dias CS7	Charhate *et al.ÇMM)*

	CS28=162 .72+ (0,04 X C) - (0,08 X FA) - (0,05 X CAIO)- (0,03 X CA20) - (0,11 x L)			Resistência à compressão durante 28 dias CS28	
Modelo3	CS=44;2647+0: 24807P+58:331 43R+0:12399D	0.65	As letras CS, P, R e D representam a resistência à compressão e a percentagem de SiO2+ A12O3+Fe2O3 na cinza , quantidade de substituição de cinzas volantes e idade da amostra de argamassa, respetivamente	CS	Sevim *et al*.(2021)
Modelo 4	fc28=A0 (W/CM) A 1 (FA/CM) A 2 (CA/CM) A3 fc56=A0 (W/CM) A 1 (FA/CM) A 2 (CA/CM) A 3 (fc28/CM) A4 fc91=A0 (W/CM) A 1 (FA/CM) A 2 (CA/CM) A 3 (fc28/CM) A 4 (fc56/CM) A 5 fc91,28=A0	0.9945 0.9636 0.9780 0.9579	Relação água-cimento (WZCM), relação agregado fino-cimento (FAZCM), relação agregado grosso-cimento (CA/CM) e teor de cimento (CM)	fc28 é a resistência à compressão do betão após 28 dias de cura, fc56 é a resistência à compressão do betão após56 diasde cura, fc91 é a resistência à compressão do betão após91 diasde	Chopra *et al*.(2014)
	(W/CM) A 1 (FA/CM) A 2 (CA/CM) A 3 (fc28/CM) A4 fc91,56=A0 (W/CM) A 1 (FA/CM) A 2 (CA/CM) A 3 (fc56/CM) A4	0.9680		cura.	

2.6 Lacunas identificadas

A partir da revisão da literatura apresentada nas secções anteriores, foram identificadas as seguintes lacunas de investigação:

1. Observou-se que alguns trabalhos de investigação foram realizados por investigadores anteriores sobre a utilização de cinzas de bagaço de cana como material de substituição de cimento e pó de pedra como agregado fino separadamente e não como combinação para estudar a sua influência nas propriedades do betão com o objetivo de utilizar estes materiais residuais. No entanto, pouca ou nenhuma atenção tem sido dada à utilização da combinação destes materiais residuais para melhorar as propriedades do betão. Por conseguinte, é necessário prestar atenção à utilização da combinação de cinzas de bagaço e pó de pedra no betão.
2. Além disso, a fim de delinear as alterações estruturais no betão devido à utilização de materiais residuais, é necessário realizar estudos sobre a análise SEM, XRD e EDAX do betão preparado. A utilização destes resíduos no betão é suscetível de influenciar a durabilidade do betão. Por conseguinte, estes estudos são essenciais para o betão preparado com cinzas de bagaço e pó de pedra em substituição do cimento e dos agregados finos, respetivamente.
3. A caraterização de SGBA através de SEM/EDS foi investigada por diferentes investigadores para a análise microestrutural. No entanto, nenhum dos investigadores relatou a caraterização de amostras de mistura de betão utilizando cinzas de bagaço e pó de pedra como materiais de substituição do cimento e do agregado fino, respetivamente, para a caraterização e composição dessa mistura de betão.
4. São muito poucos os esforços desenvolvidos para a modelação e simulação das cinzas de bagaço e do pó de pedra
contendo misturas. No presente trabalho foi utilizada uma equação matemática baseada no modelo de distribuição gaussiano.

2.7 Observação final

Este capítulo centra-se principalmente numa breve revisão da literatura sobre vários materiais cimentícios suplementares (SCM) e resíduos industriais na indústria do betão. Uma revisão pormenorizada da literatura sobre as cinzas de bagaço como substituto parcial do cimento e o pó de pedra como substituto da areia de rio na mistura de betão é recolhida da literatura e apresentada em pormenor. Neste capítulo, descreve-se uma breve discussão sobre os seus efeitos nas propriedades do betão fresco, como a trabalhabilidade, as propriedades mecânicas e as propriedades de durabilidade do betão, tal como investigadas por vários investigadores. São identificadas lacunas de investigação, que serviram de base para enquadrar os objectivos do presente trabalho e para o desenvolvimento dos capítulos III, IV, V e VI subsequentes.

CAPÍTULO - III

MATERIAIS E MÉTODOS

3.1 Geral

Para cumprir os objectivos estabelecidos no presente trabalho, é essencial recolher os dados necessários através de experiências em espécimes/amostras reais. Por conseguinte, este capítulo é dedicado à realização de vários estudos sobre os materiais utilizados e os métodos adoptados para realizar vários ensaios de trabalhabilidade, resistência à compressão e resistência à tração da mistura de betão. A SGBA e o pó de pedra foram utilizados como materiais de substituição para a substituição parcial do cimento e da areia na preparação dos provetes de betão. A proporção de conceção da mistura de betão para diferentes misturas de betão foi calculada e apresentada. As propriedades do material são estudadas em pormenor, e a configuração e os procedimentos de ensaio são também discutidos neste capítulo. A caraterização dos materiais foi efectuada através de análises por XRD, SEM e EDS. Neste capítulo, é feita uma breve descrição de todos estes aspectos. Além disso, a durabilidade da mistura de betão preparada foi estudada através do ensaio de resistência aos ácidos e do ensaio de resistência aos sulfatos. Uma breve descrição destes ensaios é também apresentada neste capítulo. Finalmente, o procedimento de análise de regressão múltipla foi descrito de forma sucinta. Todos estes aspectos são apresentados nas secções seguintes do presente capítulo.

3.1 Materiais

Os diferentes materiais utilizados no presente trabalho são o cimento, as cinzas de bagaço, os agregados grossos e finos, o pó de pedra, o superplastificante e a água. As propriedades dos materiais e os procedimentos de ensaio adoptados de acordo com os códigos IS relevantes são apresentados nas subsecções seguintes.

3.1.1 Cimento

No presente trabalho de investigação, o cimento portland normal (OPC) de grau 43 foi utilizado como material ligante para preparar o betão convencional de grau M25. O cimento é um material ligante obtido a partir da calcinação da cal e da argila. O cimento da marca Prism (fabricado pelo Grupo Rajan Raheja, Índia) foi obtido na Prism Johnson Limited, Darbhanga Colony, George Town em Prayagraj, UP, Índia. A resistência à compressão (CS) do cimento foi determinada em laboratório de acordo com o procedimento padrão enumerado na IS: 4031-PART 6-1988. Várias propriedades físicas do cimento, tais como a consistência padrão (SC), o tempo de presa inicial (1ST), o tempo de presa final (FST) e a gravidade específica (SPY) do cimento, foram determinadas no laboratório do MNNIT Allahabad, de acordo com os procedimentos normalizados descritos em diferentes códigos IS, tal como indicado no Quadro 3.1.

Tabela 3.1 Propriedades do cimento OPC de grau 43

S. Não.	Propriedades	Resultados	Limites especificados pelo BIS: 8112-2013	CÓDIGOS IS para determinar várias propriedades do cimento
1.	Resistência à compressão (N/mm)^2			IS: 4031-PARTE 6-1988
	3 dias	23.50	>23	
	7 dias	33.28	>33	
	28 dias	43.40	>43	
2.	Consistência padrão, %	27%		IS: 4031-PARTE 4-1988
3.	Tempo de regulação inicial, (min)	37	30 (mínimo)	IS: 4031-PARTE 5-1988
4.	Tempo de presa final ,(min)	443	600(máximo)	IS:4031-PARTE 5-1988
5.	Gravidade específica (SPY)	3.13	3.15	IS: 4031-PARTE 11-1988

Os resultados obtidos a partir das propriedades do cimento estão bem dentro dos limites especificados pelo código IS 81122013. Por conseguinte, as propriedades do cimento acima referidas mostram que o cimento Portland normal é adequado para a preparação de misturas de betão no presente estudo.

3.1.2 Cinzas de bagaço de cana-de-açúcar (SGBA)

As cinzas de bagaço de cana-de-açúcar (SGBA) foram recolhidas da fábrica de açúcar (Balrampur Chini Mills Limited) na cidade de Balarampur, *Uttar Pradesh (UP),* Índia. Os fabricantes do bagaço de cana-de-açúcar comunicaram que este foi queimado a uma temperatura controlada de 700 a 1000 °C e, antes do ensaio, as amostras foram secas no forno a uma temperatura de 100 ± 5° C durante 24 h. O SPY da SGBA foi determinado no laboratório de betão do MNNIT Allahabad, Prayagraj, tendo sido encontrado como 2,16 de acordo com a IS 1727:2004. Cada tonelada de cana de açúcar gera aproximadamente 25% de bagaço (com um teor de humidade de 50%) e 0,63% de cinzas residuais. A SGBA foi utilizada como um substituto parcial do cimento para examinar os efeitos nas propriedades do betão devido à sua percentagem mais elevada de teor de sílica. A SGBA foi peneirada a 300 µm, e a sua imagem mostra uma cor cinzenta, como mostra a Fig.3.1.

Fig.3.1 Cinzas de bagaço de cana-de-açúcar (SGBA)

3.1.3 Agregados

Tanto os agregados grossos como os finos são utilizados para preparar a mistura de betão, sendo as suas propriedades descritas a seguir.

3.1.3.1 Agregados grossos (CA) O cascalho triturado foi utilizado como agregado grosso (20 mm e 10 mm) na proporção 60:40, respetivamente. Os agregados secos à superfície e sem pó foram utilizados no presente trabalho como material de enchimento inerte na mistura de betão. Este material proporciona uma resistência adicional e evita a retração do betão. As diferentes propriedades físicas foram examinadas de acordo com o código IS 383: 2016 no laboratório de betão do MNNIT Allahabad, Prayagraj e apresentadas na Tabela 3.2.

Tabela 3.2 Propriedades dos agregados grossos

Propriedades	Caraterísticas
Cor	Cinzento
FM	6.7
Tamanho máximo, mm	20
Absorção de água, %	0.5
SPY(a) 10 mm (b) 20 mm	2.65 2.76
Forma	Angular

A partir da Tabela 3.2, infere-se que todas as propriedades do CA estavam dentro do limite de acordo com o código IS 383:2016. A tabela de gradação dos agregados grossos dos resultados do ensaio de análise granulométrica é apresentada na Fig. 3.2, de acordo com a recomendação do código (IS 383:2016). Isto indica que o CA é adequado para a preparação de misturas de betão.

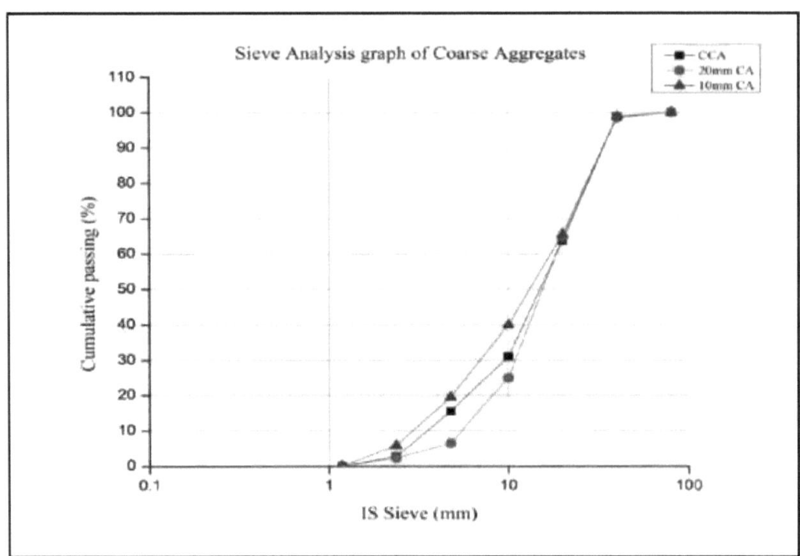

Fig. 3.2 Classificação do agregado grosso

3.1.3.2 ***Agregados finos (AF).*** Foi utilizada areia de rio como agregado fino, obtida na cidade de Prayagraj, UP. A areia recolhida estava em conformidade com a zona II, de acordo com a norma IS: 383-2016. Os AF são utilizados como material de enchimento, aumentam o volume do betão e tornam-no mais fiável. As várias propriedades físicas da areia de rio, determinadas no laboratório do MNNIT Allahabad, Prayagraj, Uttar Pradesh, são apresentadas no Quadro 3.3 na secção seguinte.

3.1.4 Pó de pedra. O pó de pedra (SD) foi recolhido da fábrica de trituração em Lucknow, UP, Índia. O pó de pedra foi utilizado como material de substituição parcial da areia, uma vez que o seu custo é inferior ao da areia do rio. Além disso, a literatura tem feito poucos ou nenhuns esforços para avaliar as propriedades do pó de pedra disponível localmente como material de substituição da areia do rio e a sua aplicação na preparação do betão. O pó de pedra aumenta a resistência do betão e torna-o uma alternativa sustentável à areia natural. É seco e de cor cinzenta escura. O procedimento de ensaio para SPY, WA e FM está descrito na IS: 383-2016.

A comparação das propriedades físicas da areia de rio e do pó de pedra é apresentada no Quadro 3.3.

Quadro 3.3 Diversas propriedades físicas da areia de rio e do pó de pedra

Propriedades físicas	Caraterísticas da areia de rio	Caraterísticas do pó de pedra
Gravidade específica	2.51	2.40
WA (%)	1	1.1
FM	2.7	2.90

A tabela de gradação da areia de rio e do pó de pedra é apresentada na Fig. 3.3, de acordo com a recomendação do código.

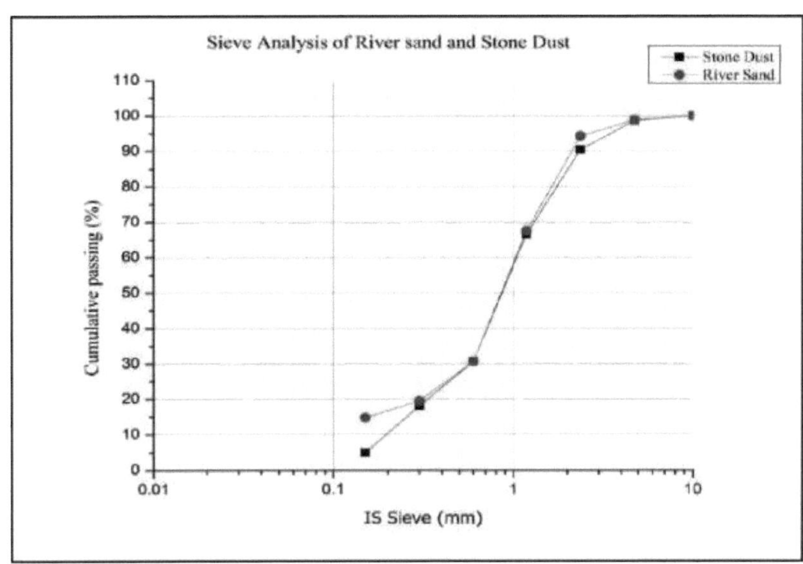

Fig. 3.3 Classificação da areia do rio e do pó de pedra

Devido à gradação mais ou menos semelhante da areia do rio e do pó de pedra, como se mostra na Fig. 3.3, estes dois materiais são utilizados como agregados finos e, além disso, o pó de pedra tem propriedades quase semelhantes às da areia do rio. Por conseguinte, o pó de pedra pode ser efetivamente utilizado como um substituto parcial da areia do rio.

3.1.5 Água. Para a preparação da mistura de betão e para efeitos de cura. Foi utilizada água limpa e potável disponível na torneira do MNNIT Allahabad. A água da torneira foi testada e considerada isenta de substâncias nocivas como matéria orgânica, óleo, ácidos, etc., de acordo com o código IS 456-2000. O pH da água potável era de 6,8, o que se situa no intervalo de 6,5 a 8, tal como especificado na norma IS 456-2000.

3.1.6 Superplastificante. O Master Rheo build 817 RL foi utilizado como superplastificante na mistura de betão com uma densidade específica de 1,25. É um redutor de água de alta gama (HRWR) utilizado para fazer betões de alta qualidade.

betão de resistência. A imagem do superplastificante é mostrada na Fig.3.4

Fig. 3.4 Imagem do superplastificante

3.2 Proporções de mistura projectadas (DMP)

A proporção da conceção da mistura de betão é o processo de produção do betão com a resistência e durabilidade necessárias, selecionando os ingredientes adequados e as suas quantidades relativas no betão. A conceção da mistura foi efectuada no laboratório de betão do MNNIT Allahabad, Prayagraj, e as misturas foram preparadas de acordo com a norma IS 10262-2009.

Foi preparado o betão de grau M25 com uma relação água-cimento de 0,45, e o valor do desvio padrão para o betão de grau M25 foi de 4 N/mm, de acordo com o procedimento descrito na IS: 102622009. As propriedades iniciais e endurecidas do betão foram determinadas utilizando estas proporções de mistura formuladas. Os materiais disponíveis localmente, conforme discutido nas secções anteriores, foram utilizados nas proporções de mistura formuladas, conforme mostrado na Tabela 3.4.

Quadro 3.4 Pormenores das proporções da mistura

Ingredientes utilizados	Quantidade (kg/m)³
Cimento	326
Água	160.65
Agregados grossos 20 mm 10 mm	 753.5 502.35
Areia	698
Superplastificante	3.26

O cimento, o CA, o FA, a água e o superplastificante foram determinados em Kg/m³ e a conceção da mistura para o grau de betão M25 é calculada e apresentada no apêndice A.

3.3 Mistura e moldagem de amostras

Para a preparação das proporções da mistura, os materiais disponíveis localmente foram primeiro pesados e misturados numa betoneira. A água da torneira foi adicionada depois de todos os materiais terem sido misturados corretamente na betoneira. Utilizando a máquina vibratória de mesa, os cubos foram enchidos e compactados utilizando a vareta de compactação (25 vezes). As amostras foram desmoldadas após 24 horas e imediatamente imersas num tanque de água para efeitos de cura até aos dias de ensaio. Foram moldados três cubos de betão de 150 mm de dimensão utilizando as proporções concebidas. Inicialmente, foram preparadas misturas experimentais com um ajuste adequado dos ingredientes, com diferentes proporções de SGBA e superplastificante (Master Rheobuild 817RL), que foi adicionado à taxa de 1 % em peso. As proporções finais da mistura foram decididas com base no teor mínimo de cimento exigido (>300 kg/m³) e WkA (slump 100 mm) da mistura de betão. Foram preparadas misturas experimentais com ingredientes adequados e testadas quanto à resistência à compressão após 28 dias de cura. Todas as amostras foram pesadas e testadas aos 7, 28, 90, 180 e 365 dias. Inicialmente, foram preparadas seis misturas de betão, substituindo o cimento por 0%, 5%, 10%, 15%, 20% e 25% de SGBA, em peso, para obter resultados óptimos. Em seguida, a areia foi substituída por pó de pedra em diferentes proporções, tais como 0% (mistura de controlo), 10% (10SD), 20% (20SD), 30% (30SD), 40% (40SD), 50% (50SD) e 60% (60SD) para atingir o nível de resistência ideal e o seu efeito foi determinado nas propriedades do betão após 7, 28, 90, 180 e 365 dias. As diferentes proporções de mistura de betão para betão contendo SGBA e pó de pedra separadamente são apresentadas na Tabela 3.5, e as designações da mistura de projeto são apresentadas na Tabela 3.6.

Tabela 3.5 Diferentes proporções de mistura de betão

Descrição da mistura	Cerne nt (kg/ m)³	SGBA(kg/m)³	CA (kg/m)³	Areia (kg/m)³	Pó de pedra (kg/m)³	Água (kg/ m)³	Super plastificante %.
Mistura de controlo	326	-	1155.876	698	-	160.65	1
5BA	309	16.3	1155.876	698	-	160.65	1
10BA	293.4	32.6	1155.876	698	-	160.65	1
15BA	277.1	48.9	1155.876	698	-	160.65	1
20BA	260.8	65.2	1155.876	698	-	160.65	1
25BA	244.5	81.5	1155.876	698	-	160.65	1
10SD	326	-	1155.876	628.2	69.8	160.65	1
20SD	326	-	1155.876	558.4	139.6	160.65	1
30SD	326	-	1155.876	488.6	209.4	160.65	1
40SD	326	-	1155.876	418.8	279.2	160.65	1
50SD	326	-	1155.876	349	349	160.65	1
10BA10SD	293.4	32.6	1155.876	628.2	69.8	160.65	1
10BA20SD	293.4	32.6	1155.876	558.4	139.6	160.65	1
10BA30SD	293.4	32.6	1155.876	488.6	209.4	160.65	1
10BA40SD	293.4	32.6	1155.876	418.8	279.2	160.65	1
10BA50SD	293.4	32.6	1155.876	349	349	160.65	1

Quadro 3.6 Pormenores das designações das misturas

S.N.	**Misturas**	**Cimento (%)**	**Cinzas de bagaço (%)**	**Areia (%)**	**Pó de pedra (%)**
1.	Mistura de controlo	100	0	100	0
2.	5BA	95	5	100	-
3.	10BA	90	10	100	-
4.	15BA	85	15	100	-
5.	20BA	80	20	100	-
6.	25BA	75	25	100	-
7.	10SD	100	-	90	10
8.	20SD	100	-	80	20
9.	30SD	100	-	70	30
10.	40SD	100	-	60	40
11.	50SD	100	-	50	50
12.	0BA0SD	100	-	100	-
13.	10BA10SD	90	10	90	10
14.	10BA20SD	90	10	80	20
15.	10BA30SD	90	10	70	30
16.	10BA40SD	90	10	60	40
17.	10BA50SD	90	10	50	50

As etapas seguintes, desde a moldagem dos cubos de betão até ao ensaio dos cubos de betão com SGBA e pó de pedra após 28 dias, 90 dias, 180 dias e 365 dias é apresentado na Fig. 3.5

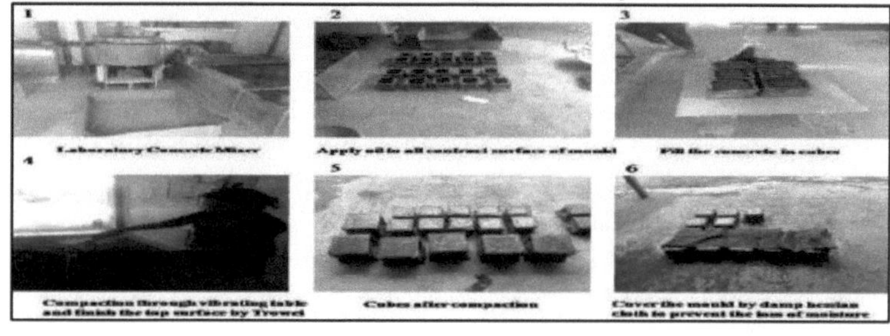

Fig.3.5 Etapas desde a moldagem dos cubos de betão até ao ensaio dos cubos de betão

3.4 . Caracterização do material

A fim de explicar as interações químicas entre os vários ingredientes do betão, torna-se necessário explorar mais pormenorizadamente as propriedades inerentes às amostras de betão e os constituintes elementares do cimento e da cinza de bagaço de cana para a adequação da preparação das misturas de betão. Para este efeito, a difração de raios X (XRD), o SEM/EDS, juntamente com a análise do mapeamento elementar de várias misturas de betão e ingredientes (cimento e cinza de bagaço), foram realizados no IIT Kanpur e no IIT (BHU) Varanasi, UP, Índia. As análises SEM/EDS das amostras foram efectuadas de acordo com o procedimento descrito por Muruganatham *et al.* (2009).

3.4.1 Preparação de amostras para análise de difração de raios X (XRD)

A SGBA em bruto foi seca durante 24 h numa estufa a 110 °C e depois peneirada através de um crivo de 300 µm (ASTM). As amostras foram armazenadas num saco hermético. A análise XRD foi realizada no Centro de Investigação Interdisciplinar (CIR), o laboratório no MNNIT Allahabad, Prayagraj, utilizando o difratómetro XRD (RIGAKU Smart lab High-Resolution XRD), como se mostra na Fig.3.6. A identificação das fases, bem como a orientação dos cristais, foi efectuada para as amostras. As amostras foram examinadas na gama (10-60° angstroms) durante duas horas a uma velocidade de 1,5°/min.

Fig.3.6 Configuração XRD

3.4.2 Preparação de amostras para microscopia eletrónica de varrimento (SEM)

Para a análise SEM, as amostras foram preparadas da mesma forma que para a análise XRD. As estruturas da superfície, a morfologia e o tamanho dos elementos foram determinados a partir da análise SEM. A análise SEM, juntamente com a espetroscopia de dispersão de energia (EDS), foi efectuada na Material Science and engineering lab, IIT Kanpur,U.P.,India utilizando o instrumento SEM, (CARL ZEISS EVO 50), como se mostra na Fig.3.7. O EDS determina as composições químicas das misturas de betão. A amostra foi preparada por secagem durante 24 horas a uma temperatura de 110° numa estufa e depois peneirada com um peneiro de 300 mícrones (ASTM) e armazenada em frascos herméticos. Análise SEM com O EDS foi realizado e as composições químicas das misturas de betão óptimas foram determinadas pela técnica EDS juntamente com os mapas elementares EDS.

Fig.3.7 MEV com configuração EDS

3.5 Métodos

Foram realizados vários ensaios de trabalhabilidade, de resistência à compressão, de resistência à tração, de resistência aos ácidos, de resistência aos sulfatos, etc., nas misturas de betão, como se mostra na Fig.3.8.

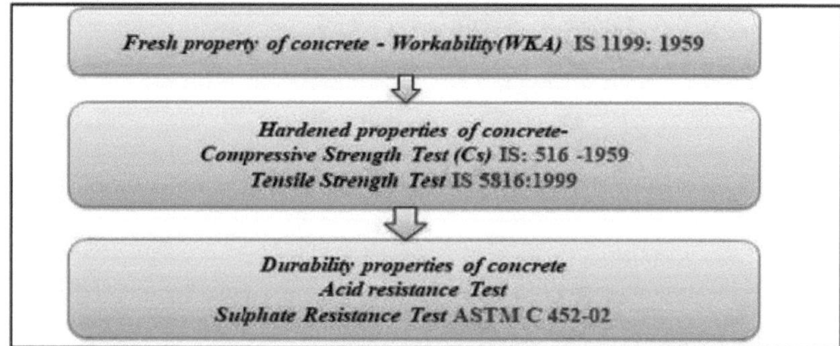

Fig.3.8 Propriedades do betão

3.5.1 Propriedades do betão no estado fresco

3.5.1.1 Trabalhabilidade (WKA) A trabalhabilidade da mistura de betão foi determinada pelo ensaio de abatimento com a ajuda de um cone de abatimento (ver Fig.3.9) com dimensões (diâmetro superior = 100 mm, diâmetro inferior = 200 mm e altura = 300 mm) de acordo com o procedimento de ensaio descrito na IS 1199: 1959. Os resultados experimentais relativos à trabalhabilidade do betão são apresentados nas Figs.5.1 e 5.5 no capítulo 5.

Fig.3.9 Procedimento do ensaio de abatimento

3.5.2 Propriedades endurecidas do betão

3.5.2.1 Ensaio de resistência à compressão (CS) A CS foi determinada através do ensaio de cubos de 150 mm utilizando a máquina de ensaio universal (CTM) (ver Fig. 3.10), com uma capacidade de carga de 2000 KN, de acordo com o procedimento descrito na IS 516 -1959. Foram testados três espécimes e o seu valor médio foi considerado para determinar a CS do betão. Os cubos curados em água foram ensaiados aos 7, 28, 90, 180 e 365 dias.

Fig.3.10 Máquina de ensaio UTM

3.5.2.2 Ensaio de resistência à tração (TS) Os ensaios TS foram realizados num cilindro com a dimensão 300 mm de comprimento e 150 mm de diâmetro com 28 dias de cura em água, de acordo com o procedimento descrito na norma IS 5816:1999.

3.5.3 Propriedades de durabilidade do betão

Para a avaliação da durabilidade, o ensaio de resistência a ácidos e o ensaio de resistência a sulfatos foram efectuados após 90 dias, 180 dias e 365 dias, de acordo com o procedimento descrito na norma ASTM C 452-02. O valor ótimo foi determinado a partir destes ensaios para o betão endurecido.

3.5.3.1 Teste de resistência a ácidos.

As amostras de betão foram pesadas e imersas numa solução de HCI a 5% e numa solução de H2SO4 a 5% durante 90 e 180 dias, após 28 dias de cura em água. As amostras foram limpas com a ajuda de água para remover as impurezas após 90 e 180 dias. A CS e o peso dos espécimes de betão foram determinados. A percentagem de perda de peso e a percentagem de perda de CS foram determinadas para avaliar a durabilidade das misturas de betão em ambiente ácido.

3.5.3.2 Ensaio de resistência aos sulfatos.

Os espécimes de betão com cubos de 150 mm foram testados quanto ao CS após 90 dias, 180 dias e 365 dias de cura em soluções de sulfato de sódio (SS) de lOOOOppm, 15000ppm e 20000 ppm, como se mostra na Fig. 3.11. O ensaio foi efectuado de acordo com o procedimento descrito na norma ASTM C 452-02. Os cubos de betão foram moldados e curados em água durante 28 dias, e os provetes foram retirados após 28 dias de cura. De seguida, os cubos foram imersos em soluções de 10000 ppm, 15000ppm e 20000 ppm de SS durante 90 dias, 180 dias e 365 dias. Após 90 dias, 180 dias e 365 dias de imersão, os espécimes foram retirados e as superfícies dos cubos foram limpas. A CS dos cubos foi determinada após períodos de imersão regulares de 90 dias, 180 dias e 365 dias em soluções de sulfato, cura em água utilizando o procedimento de ensaio ASTM C109, e a perda de resistência à compressão foi calculada. O ataque por sulfatos (SA) foi examinado através de testes em cubos de 150 mm imersos em soluções de SS de concentração de 10000 ppm, 15000ppm e 20000 ppm após 90 dias, 180 dias e 365 dias de cura. Foi determinada a perda de resistência à compressão (CsL) do CM e dos cubos curados em soluções de SS após 90 dias, 180 dias e 365 dias.

A percentagem de CsL em qualquer período de imersão foi calculada utilizando a fórmula:

Perda de resistência à compressão CsL (%) = [(Д - 5) + ***B]x*** 100

em que A = CS de cubos curados em água durante um período específico (90 dias, 180 dias e 365 dias); e B = CS de cubos em soluções de sulfato em qualquer período de imersão especificado (90 dias, 180 dias e 365 dias)

(a) (b)

(c)

Fig.3.11 Soluções de sulfato de sódio (a) 1OOOOppm (b) 15000 ppm (c) 20000 ppm

3.6 Previsão da resistência e modelação estatística do betão utilizando cinzas de bagaço e pó de pedra através de análise de regressão

Neste trabalho de investigação, foi adoptada a técnica de análise de regressão para desenvolver o modelo matemático
equações e prever a resistência à compressão de várias misturas de betão. O software SPSS (versão 23) foi utilizado para efetuar a análise de regressão. Na análise de regressão, foram desenvolvidas várias equações com base nos´dados disponíveis/parâmetros de entrada para prever a resistência à compressão correspondente aos 7, 28, 90, 180 e 365 dias de cura para várias misturas de betão. A resistência à compressão prevista foi determinada a partir do modelo de regressão e correlacionada com os resultados experimentais para obter os valores R^2. Além disso, desenvolver o modelo de regressão e as equações de melhor ajuste para as diferentes amostras de mistura de betão em diferentes condições de cura.

3.7 Observações finais

O presente capítulo é dedicado principalmente à apresentação dos materiais e métodos utilizados neste estudo. Neste capítulo, são brevemente apresentados a preparação da instalação experimental, os materiais e a sua preparação, os procedimentos para a preparação de diferentes misturas de betão com proporções optimizadas de SGBA e SD. É apresentado o método de avaliação de várias propriedades do betão, incluindo a durabilidade do betão através de ensaios de resistência aos sulfatos e aos ácidos. É também apresentada uma breve descrição do modelo de regressão experimentado neste trabalho. Os materiais e métodos explorados neste capítulo e os resultados obtidos são utilizados no desenvolvimento dos capítulos IV, V e VI para atingir os objectivos estabelecidos no presente trabalho.

CAPÍTULO - IV

UTILIZAÇÃO DE RESÍDUOS DE CINZAS DE BAGAÇO COMO SUBSTITUTO PARCIAL DO CIMENTO ATRAVÉS DA ANÁLISE MICROESTRUTURAL

4.0 Generalidades

A indústria da cana-de-açúcar produz uma grande quantidade de resíduos de bagaço de cana-de-açúcar na Índia. Em geral, estes resíduos são queimados e as cinzas resultantes são geralmente utilizadas para fins de deposição em aterro, o que causa graves problemas ambientais. A fim de reduzir os problemas ambientais, os investigadores tentaram, tanto no passado como atualmente, procurar uma nova forma de utilizar eficazmente as cinzas de bagaço (SGBA) na indústria da construção. Uma das formas é utilizá-la como material de cimentação suplementar.

Neste capítulo, várias técnicas como a fluorescência de raios X (XRF), a difração de raios X (XRD), a microscopia eletrónica de varrimento (SEM) e a espetroscopia de dispersão de energia (EDS) para a análise da microestrutura das amostras (cimento e cinza de bagaço) são discutidas nas secções 4.1, 4.2, 4.3 e 4.4, respetivamente. A composição química das amostras de cimento e de cinza de bagaço foi determinada utilizando a técnica XRF. A análise da microestrutura das amostras de SGBA e de cimento foi efectuada através das técnicas de XRD e SEM. Os picos mais elevados mostram quartzo na cinza de bagaço e silicatos tri-cálcicos (C3S) no cimento, utilizando as técnicas de XRD. O SEM, juntamente com o EDS, mostra uma microestrutura diferente para a BA e o cimento. Pode observar-se a partir da análise que a sílica é o elemento proeminente na SGBA, e o cálcio é o elemento principal no cimento. Por conseguinte, a SGBA pode ser útil como material pozolânico e pode também ser utilizada como substituto parcial do cimento. Todos estes aspectos são descritos nas secções seguintes.

4.1 Análise XRF do cimento e das cinzas de bagaço

A composição química do cimento e das cinzas de bagaço foi determinada utilizando a técnica de fluorescência de raios X. O principal óxido observado no cimento é a cal (CaO) e o dióxido de sílica (S1O2) na cinza de bagaço, como é evidente nos resultados apresentados na Tabela 4.1 e na Fig.4.1. A composição química (óxidos) do cimento e da cinza de bagaço é apresentada na Tabela 4.1.

Tabela 4.1 Composições químicas do cimento e da SGBA

Composição do óxido	SiO_2	A1 O_{23}	Fe O_{23}	CaO	K O_2	Na O_2	P O_{2S}	TiO_2	MnO	$assim_3$
Cimento (%)	17.50	5.01	3.40	**65.90**	0.70	0.03	0.20	0.30	0.15	2.05
Batool et al. (2020)	22	5	3.50	64.25	1.00	0.20	0.1	0.17	0.16	2.90
SGBA (%)	**71.11**	4.85	6.80	4.04	13.89	2.25	0.39	0.40	0.20	1.50
Batool et al. (2020)	72.12	-	1.54	6.30	13.81	-	2.75	0.14	0.166	2.97

De acordo com as normas ASTM C-618, a composição química das cinzas de bagaço (S1O2 + AI2O3+

Fe O_{23} > 70% e CaO>10%) sugere a natureza pozolânica e cimentícia da SGBA. A partir da Tabela 4.1, é evidente que a soma de S1O2 + AI2O3+ $PerO_3$ é de 82,76, o que cumpre os critérios da norma ASTM C-618.

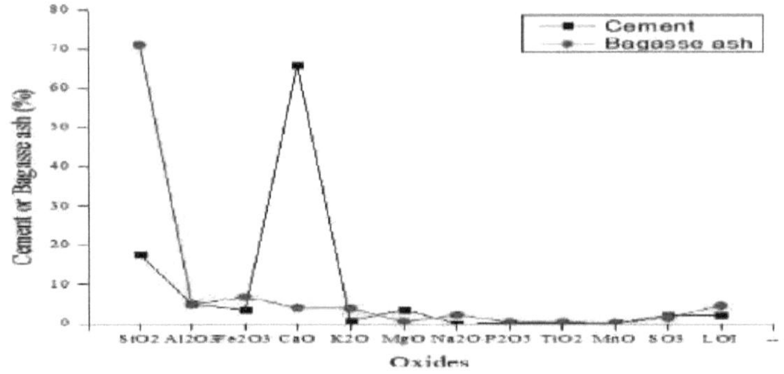

Fig.4.1 Comparação da composição de óxidos do cimento e da cinza de bagaço

A partir da Fig.4.1, pode ver-se que existe uma percentagem máxima de CaO no cimento, o que é um facto bem conhecido, enquanto que no caso das cinzas de bagaço, a percentagem de S1O2 é máxima.

4.2 Análise XRD do cimento e das cinzas de bagaço

Os resultados de XRD das amostras de cimento e de cinzas de bagaço de cana-de-açúcar utilizadas neste trabalho são apresentados nas Figs. 4.2 e 4.3, respetivamente. Através da análise de XRD, foram observados 23 picos no caso do cimento, num ângulo de 25° a 50° (2 theta).

Vários picos mostram os seguintes compostos: silicatos tri-cálcicos (C3S), silicatos di-cálcicos (C2S), aluminatos tri-cálcicos (C3A) e ferrite de alumina tetra-cálcica (C4AF). O pico mais alto mostra o composto de silicatos tri-cálcicos (C3S) no ângulo de 32,32° com intensidade de 1446 a.u. Muitos outros picos também mostram este composto e outros compostos, indicando que o cimento é de boa composição e qualidade.

Na análise XRD, a estrutura atómica interna do material muda continuamente através da alteração contínua da intensidade juntamente com o ângulo 2 theta. Do mesmo modo, na cinza de bagaço, foram determinados 20 picos por análise XRD num ângulo de 25° a 50° (2 theta), como se mostra na Fig.4.3.

Vários picos mostram os seguintes compostos como S1O2 na forma de quartzo (Q) e cristobalite (CRY). Os picos mais altos mostram o mineral Quartzo no ângulo de 27,04° com uma intensidade de 650 a.u.

Muitos outros picos também mostram que a sílica está presente em grande proporção, o que é o principal fator de resistência do betão. **A presença de cristobalite indica que parte da sílica apresenta esferas alongadas.**

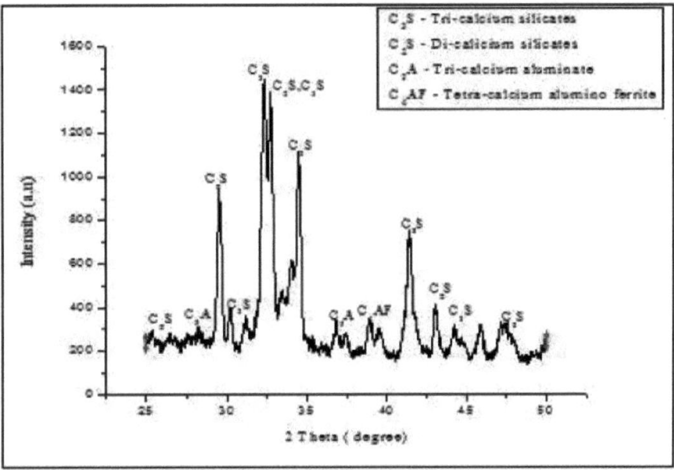

Fig 4.2 Análise XRD do cimento

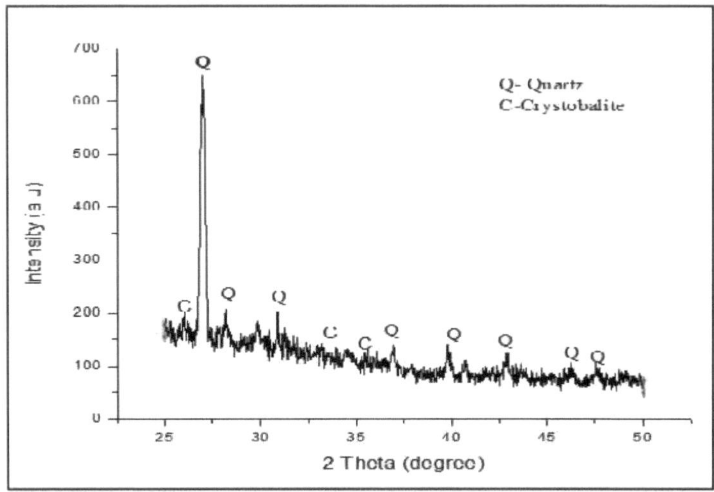

Fig 4.3 Análise XRD da cinza de Baggase

4.3 Análise SEM do cimento e das cinzas de bagaço

As análises SEM do cimento e da cinza de bagaço em estudo são mostradas nas Figs. 4.4 e 4.5, respetivamente, para diferentes ampliações. O silicato de cálcio hidratado (CSH), cristais de Ca $(OH)_2$ e Ettringite (formação tipo agulha) foram observados na pasta de cimento. A forma tetraédrica (prismática), a natureza fibrosa, as massas cristalinas e as camadas foram mostradas na análise SEM das cinzas de bagaço, conforme a Fig.4.5.

Imagem SEM do cimento com uma ampliação de 5,00 K X(b)Imagem SEM do cimento com uma ampliação de 2,00 KX

Fig.4.4 Análise SEM do cimento

(a) Imagem SEM das cinzas de bagaço com ampliação de 5,00 K X (b) Imagem SEM das cinzas de bagaço com ampliação de 2,00 KX

Fig.4.5 Análise SEM da cinza de bagaço

4.4 Análise EDS do cimento e das cinzas de bagaceira

A análise de SEM-EDS é o método principal e amplamente utilizado para a identificação e morfologia de ambas as amostras (cimento OPC e cinza de bagaço). As partículas de cimento apresentam formas irregulares e angulares, enquanto a SGBA apresenta uma natureza esponjosa e uma estrutura fibrosa.

O EDS determinou as composições elementares do cimento e da SGBA juntamente com a técnica SEM. A análise de EDS -SEM na área selecionada mostra que as partículas de cimento apresentam Cálcio (Ca) e Silício (Si) em grandes proporções, enquanto Oxigénio (O), Ferro (Fe) e Magnésio (Mg) em quantidades vestigiais, como se mostra na Fig.4.6.

A análise de SEM-EDS das cinzas de bagaço mostra que a amostra SGBA contém predominantemente Sílica (Si) e Oxigénio (0) juntamente com Alumínio (Al), Cálcio (Ca) e Magnésio (Mg) em proporções menores, como se mostra na Fig. 4.7.

Os resultados desta técnica mostram composições químicas semelhantes, mas em proporções diferentes. Os resultados do EDS, juntamente com a análise de imagens SEM, mostram que o cimento tem uma maior percentagem de cal, enquanto no caso da SGBA, a sílica é encontrada numa grande percentagem.

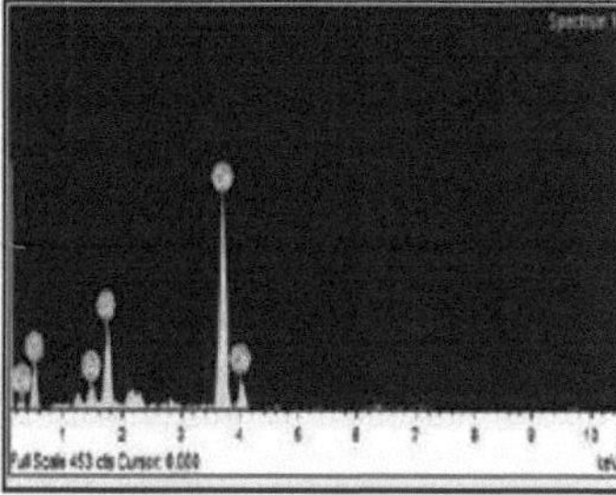

Imagem SEM do cimento no espetro 1(b) Análise EDS da pasta de cimento no espetro 1

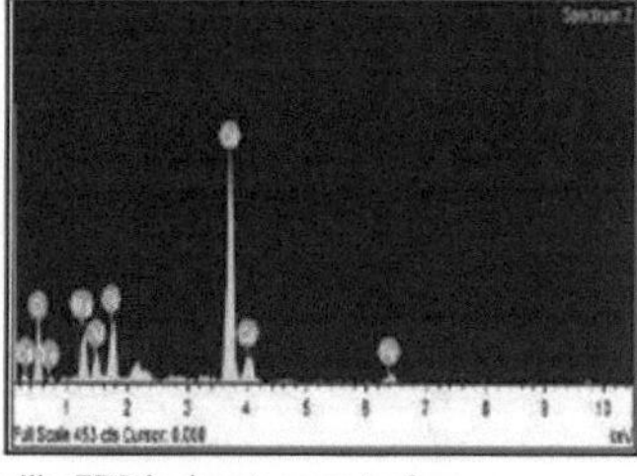

(c) Imagem SEM do cimento no espetro 2(d) Análise EDS do cimento no espetro 2

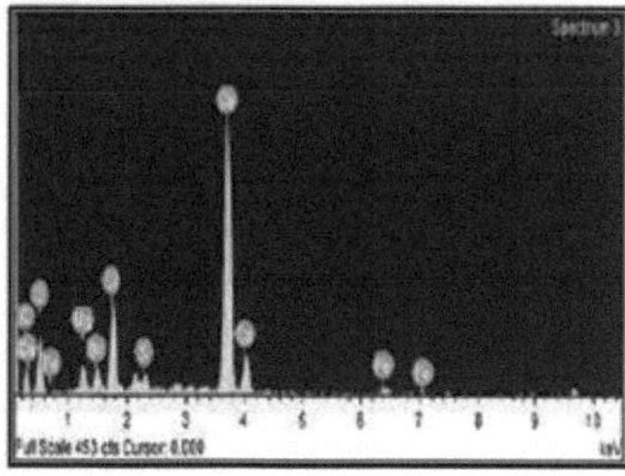

(e) Imagem SEM do cimento no espetro 3(f) Análise EDS do cimento no espetro 3

Fig 4.6 Análise EDS do cimento de diferentes espectros

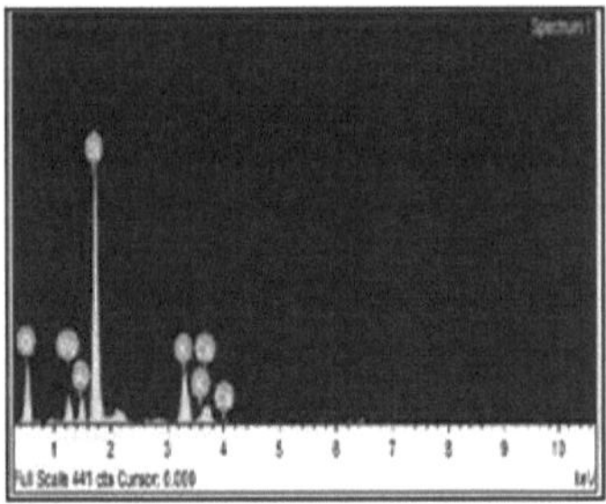

(a) Imagem SEM da cinza de bagaço no espetro 1

(c) SEM image of Bagasse Ash in spectrum 2

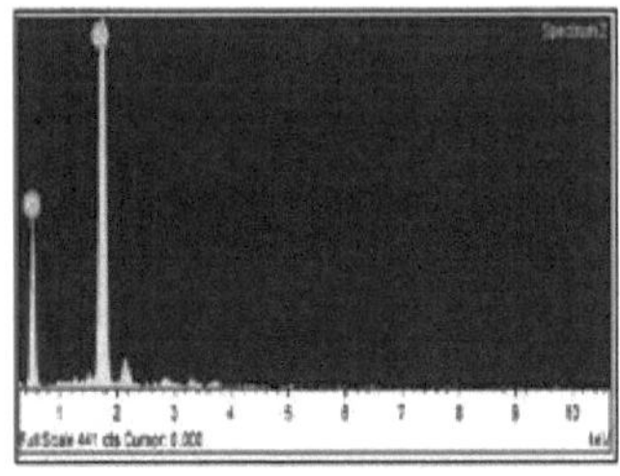

(d) EDS analysis of Bagasse Ash in spectrum 2

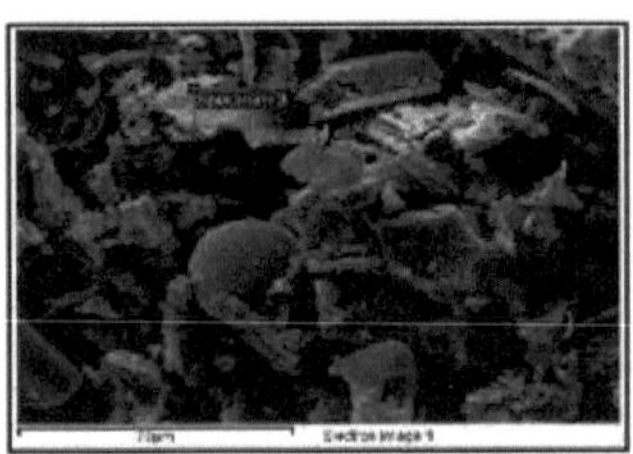

(e) SEM image of Bagasse Ash in spectrum 3

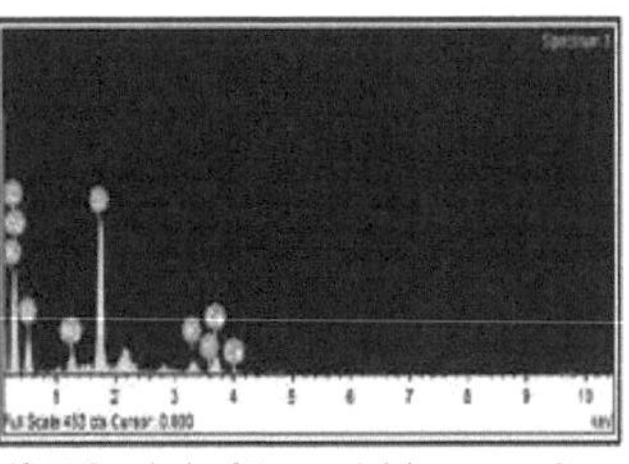

(f) EDS analysis of Bagasse Ash in spectrum 3

(g) SEM image of Bagasse Ash in spectrum 4

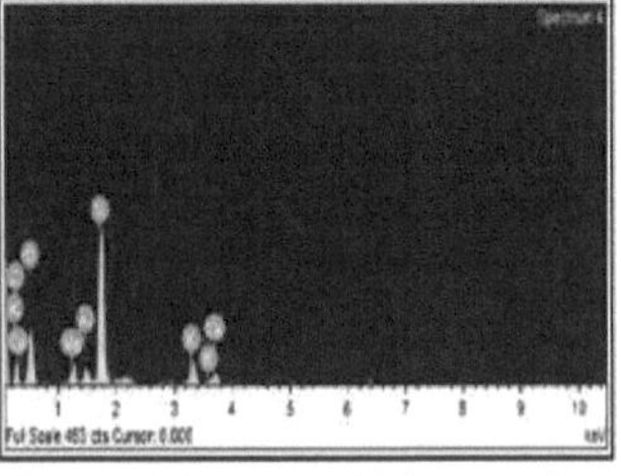

(h) EDS analysis of Bagasse Ash in spectrum 4

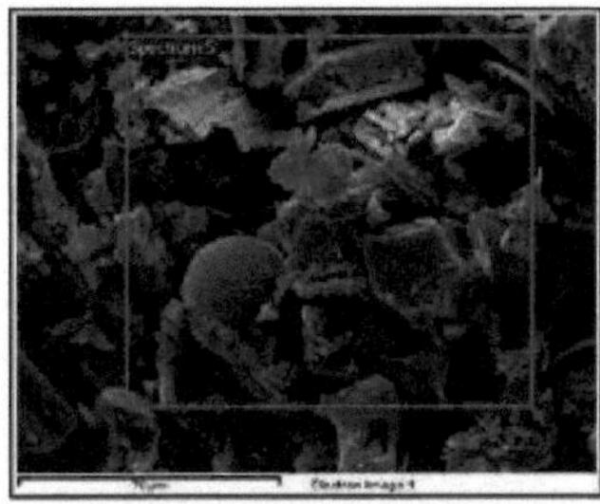

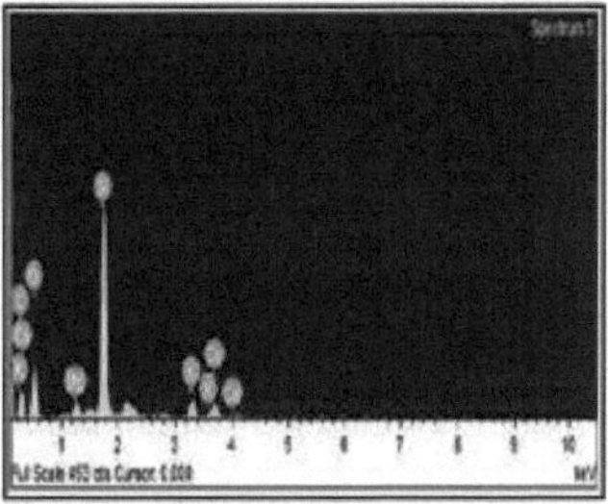

(i) SEM image of Bagasse Ash in spectrum 5 (j) EDS analysis of Bagasse Ash in spectrum 5

(b) Análise EDS da cinza de bagaço no espetro

d) Análise EDS da cinza de bagaço no espetro 2(c) Imagem SEM da cinza de bagaço no espetro 2

(e) Imagem SEM da cinza de bagaço no espetro 3(f) Análise EDS da cinza de bagaço no espetro 3

(g) Imagem SEM da cinza de bagaço no espetro 4(h) Análise EDS da cinza de bagaço no espetro 4

Imagem SEM da cinza de bagaço no espetro 5(j) Análise EDS da cinza de bagaço no espetro 5

Fig.4.7 Análise EDS de SGBA de diferentes espectros

Depois de determinar a presença de vários compostos por análise EDS, a composição elementar do cimento e da cinza de bagaço (SGBA) foi determinada como se mostra na Tabela 4.2 e na Fig.4.8.

Tabela 4.2: Composição elementar do cimento e da cinza de bagaço (SGBA)

Elementos	**Cimento (% em peso)**	**Cinzas de bagaço (%)**
Si	6.80	47.21
Ca	48.88	2.20
O	33.73	40.01
Fe	5.01	-
K	1.86	5.61
Mg	1.02	2.45
C	-	1.20
Al	2.69	1.32

A partir da Fig.4.8, é evidente que o cimento tem uma grande percentagem de Ca e a SGBA tem uma grande percentagem de Si.

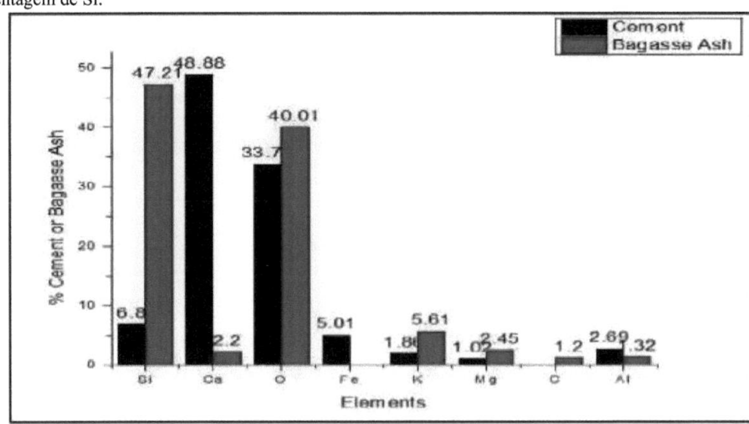

Fig 4.8 Comparação da composição elementar do cimento e da cinza de bagaço em percentagem

4.5 Observações finais

O presente capítulo foi dedicado à caraterização das cinzas do bagaço de cana-de-açúcar e do cimento utilizando as técnicas de XRF, XRD e SEM/EDS.

Dos resultados experimentais apresentados neste capítulo, retiram-se as seguintes conclusões. A composição química do cimento e da SGBA, obtida através da técnica XRF, mostra que o cimento tem uma elevada percentagem de CaO (65,90%) e a SGBA tem uma elevada percentagem de S1O2 (71,11%). Isto indica que ambos têm uma boa composição química, uma vez que o Ca e o Si são os principais contribuintes para a resistência do betão. O resultado da análise XRD indica os picos mais elevados no cimento do composto de silicatos tri-cálcicos (C3S) no ângulo de 32,32° com intensidade de 1446 au. Os picos mais elevados na SGBA mostram o mineral de quartzo num ângulo de 27,04° com uma intensidade de 650 a.u. Existem vários outros picos também observados na SGBA que mostram sílica juntamente com a cristobalite. Outros resultados mostram que as partículas de cimento são angulares e irregulares, enquanto as partículas de SGBA apresentam caraterísticas fibrosas finas com carácter esponjoso. Comparando o SEM

Os resultados do EDS da SGBA com as partículas de cimento mostram que a SGBA tem um tamanho de grão fino e uma área de superfície mais elevada em comparação com o cimento. Os resultados do EDS mostram que as partículas de cimento contêm Cálcio (Ca) e Silício (Si) em grandes proporções, enquanto o Oxigénio (O), o Ferro (Fe) e o Magnésio (Mg) estão presentes em menores proporções.

Do mesmo modo, a SGBA contém predominantemente Sílica (Si) e Oxigénio (0) juntamente com Alumínio (Al), Cálcio (c) e Magnésio (Mg) em proporções menores. A análise detalhada da microestrutura da SGBA indica claramente que a SGBA obtida da fábrica de açúcar de Balrampur no presente estudo pode ser utilizada eficazmente como um substituto pozalónico para a substituição parcial do cimento por cinzas de bagaço, uma vez que tem boas propriedades de cimentação na presença de água. Por este motivo, os resultados apresentados neste capítulo podem revelar-se úteis para outros estudos efectuados nos capítulos V e VI.

CAPÍTULO - V

INFLUÊNCIA DA CINZA DE BAGAÇO E DO PÓ DE PEDRA EM VÁRIOS PROPRIEDADES DO BETÃO, INCLUINDO A DURABILIDADE QUANDO ADICIONADO EM DIFERENTES PROPORÇÕES, INDIVIDUALMENTE

5.0 Generalidades

O betão é o material mais consumido na indústria da construção em todo o mundo. O betão é fabricado a partir de cimento, agregados, água e aditivos. Após a mistura de todos estes materiais, o processo de endurecimento ocorre devido à hidratação do cimento e da água. As actividades de construção estão a aumentar de dia para dia em diferentes regiões e requerem muitos recursos naturais. Têm-se procurado materiais alternativos que possam substituir total ou parcialmente os materiais naturais disponíveis na construção. A cinza de bagaço de cana-de-açúcar (SGBA) e o pó de pedra são os resíduos mais utilizados na indústria do betão. O cimento mais utilizado é o cimento Portland comum (OPC), utilizado em mais de 80 países. O fabrico de cimento é um dos principais contribuintes para as emissões de CO2 que conduzem a uma grave degradação ambiental. A emissão de CO2 devido ao aquecimento de calcário ($CaCO_3$) para a produção de óxido de cálcio (CaO) na indústria do cimento é o óxido predominante no OPC como CO2, é o principal fator de aquecimento global. O gás CO2 é estimado em cerca de 5 a 7%, em peso, do total de emissões de CO_2 e gases como o CO_2 são lançados na atmosfera pelo processo de fabrico do clínquer [(Malhotra *et"/.*(2000), Damtoft *et al.(2008)* e Ali *et"/.*(2011)]. A fim de reduzir ou minimizar os problemas do aquecimento global, os materiais cimentícios suplementares (SCM) são atualmente procurados como material de substituição parcial do cimento para produzir betão com as resistências necessárias. Vários resíduos agrícolas, como as cinzas de bagaço, as cinzas volantes, etc., têm sido testados e utilizados para produzir betão ecológico rentável. Muitos investigadores desenvolveram ligantes alternativos para a preparação de argamassas de betão para minimizar a quantidade de cimento dispendioso, substituindo-o parcialmente por materiais residuais sem comprometer as propriedades inerentes ao betão. Diferentes materiais cimentícios, como metacaulino, cinzas volantes, escória, cinzas de casca de arroz e sílica ativa, etc., também foram usados como substituto parcial do cimento para produzir concreto [Aprianti *et* "/.(2017) e Hemalatha *et al.(2QVT)*. O SGBA, um produto de resíduos agrícolas, também foi recentemente utilizado como SCMs em misturas de betão como substituição parcial do cimento. É barata e torna o betão sustentável [Ganesan *et* "/.(2007)]. A utilização de SGBA pode melhorar a resistência à compressão (CS) e outras propriedades do betão como SCMs pozolânicos de resíduos agrícolas na indústria do betão. A SGBA apresenta uma propriedade pozolânica superior quando aquecida entre 800 e 1000° C durante 20 minutos [Villar-Cocina *et al.* (2008)]. A propriedade pozolânica da SGBA também é melhorada devido à presença de um menor teor de carbono, ao facto de a sílica se encontrar no estado amorfo e possuir uma elevada área de superfície específica [Cordeiro *et"/.*(2008)]. A introdução de SGBA através da substituição parcial do cimento em diferentes proporções demonstrou a melhoria das propriedades do betão, como a resistência à compressão da argamassa de cimento até uma determinada proporção de substituição no processo de hidratação [Singh *et al.* (2000)]. Ganesan *et al.* (2007) documentaram que a utilização de SGBA pode melhorar o CS como um SCMs, substituindo o dispendioso cimento portland amplamente utilizado em misturas de betão. A caraterização da microestrutura é praticada para perceber os minerais pozolânicos e as suas formas presentes na SGBA utilizando análises por XRF, XRD e SEM. No presente trabalho, a identificação mineralógica é efectuada por XRF e XRD, e a caraterização morfológica é feita por SEM. Poucos investigadores têm trabalhado nas propriedades de durabilidade da SGBA, bem como na exploração das suas propriedades de resistência aos sulfatos [Chusilp *et al.* (2009)]. O ataque de sulfatos pode deteriorar o betão devido à formação de etringite e gesso [Mehta *et al.* (1933)]. Além disso, os agregados são um dos componentes essenciais do betão que estão disponíveis na forma natural. Devido ao esgotamento em grande escala da areia natural e de outros ingredientes do betão, existe a possibilidade de escassez destes materiais, o que também causa problemas ambientais. Para a conservação destes materiais, é necessário investigar materiais alternativos que possam ser utilizados como substitutos parciais ou totais dos materiais convencionais. O pó de pedra (PS) pode revelar-se uma alternativa promissora na preparação de misturas de betão como agregado fino com substituição parcial. Mahzuz *et al.* (2011) demonstraram que o pó de pedra pode beneficiar o betão em termos de resistência e economia quando o pó de pedra substitui parcialmente a areia. Singh *et al.* (2014) referiram que o nível ótimo de substituição do SD como agregado fino era de 40 %. Um dos materiais residuais, como o pó de pedreira, foi utilizado como uma boa alternativa à areia em misturas que deram mais resistência a 50% de substituição [Balamurugan *et* "/.(2013)]. Nagpal *et al.* (2013)

investigaram a CS, a TS e a resistência à flexão (FS) do betão, tendo aumentado as resistências utilizando SD triturada como substituto da areia no betão. Murthi *et al.* (2008) estudaram em pormenor as propriedades de durabilidade, bem como a resistência ao ataque ácido do betão quando os cubos foram curados em soluções de ácido clorídrico (HCI) e ácido sulfúrico (H2SO4). O presente estudo visa descobrir o nível ótimo de substituição do SD utilizado como agregado fino, avaliando o desempenho da resistência à compressão aos 7, 28, 90 e 180 dias. Este capítulo aborda os vários aspectos da utilização da cinza de bagaço de cana-de-açúcar (SGBA) como substituto parcial do cimento e da utilização do pó de pedra como substituto parcial da areia de rio em misturas de betão. Estes aspectos são descritos nas secções seguintes.

5.1 Preparação de amostras de betão

Foram preparadas seis misturas de betão substituindo o cimento por SGBA. A mistura de betão com 0% de SGBA foi designada por CC (mistura de controlo). Como é evidente na literatura, a SGBA pode ser uma alternativa adequada na preparação de misturas de betão devido às suas boas propriedades pozolânicas. Para otimizar a percentagem de substituição do cimento por SGBA, o cimento foi parcialmente substituído por SGBA em diferentes proporções de 0%, 10%, 15%, 20% e 25% em peso nas misturas de betão. Os resultados da substituição do cimento por SGBA foram analisados através da avaliação de várias propriedades como a trabalhabilidade (WKA), a resistência à compressão (CS) e a resistência à tração (TS) durante 7 dias, 28 dias, 90 dias e 180 dias. As amostras de cubos também foram testadas quanto à resistência à compressão após 90 dias e 180 dias, quando os cubos foram imersos numa solução de sulfato de sódio de lOOOOppm para examinar a perda de resistência à compressão devido ao ataque de sulfato. Os resultados indicam que a SGBA tem potencial para ser utilizada como material pozolânico com boas propriedades aglutinantes e pode ser eficaz como um agente parcial de resistência à compressão.

material de substituição do cimento dispendioso. Além disso, neste estudo, a areia é substituída por pó de pedra em diferentes percentagens que variam de 0% a 60%. A influência da substituição da areia por pó de pedra foi analisada através da avaliação de propriedades frescas, tais como a trabalhabilidade (WKA) e as propriedades mecânicas, incluindo a resistência à compressão (CS) e a resistência à tração por compressão (TS).

As propriedades de durabilidade, principalmente a absorção de água (WA), a resistência aos ácidos (AR) e a resistência aos sulfatos (SR) são também estudadas. Os cubos dos espécimes foram submetidos a 7 dias, 28 dias, 90 dias e 180 dias de cura húmida, bem como a cura em solução de sulfato (10000 ppm). Após 28 dias de cura em água, os cubos foram curados em ácido (solução de HCI a 5% e solução de H2SO4 a 5%) e em solução de sal de sulfato de sódio a 10.000 ppm (Na_2 SO4) para avaliação da sua durabilidade.

5.2 Cinzas de bagaço de cana-de-açúcar de resíduos agrícolas (SGBA) como substituição parcial de material ligante em betão

5.2.1Efeito da SGBA na trabalhabilidade

As variações dos valores de abatimento em diferentes misturas de betão com diferentes proporções de SGBA nas misturas de betão são apresentadas na Fig.5.1. A dosagem de superplastificante e o teor de água foram mantidos constantes em todas as seis misturas. Observa-se que o WKA do betão diminui com o aumento da percentagem de SGBA. A mistura de controlo (CC) e a mistura de betão com 10% de substituição de cimento por SGBA apresentaram valores de abatimento de 100 mm e 90 mm, respetivamente. Os valores de abatimento diminuíram ainda mais com o aumento das percentagens de SGBA.

Os resultados dos ensaios mostram que o WKA da mistura de betão com 10% de substituição de cimento por SGBA dá um grau médio de trabalhabilidade de acordo com a IS 456:2000 com um valor de abatimento de 90 mm. Esta mistura de betão pode ser utilizada eficazmente em secções fortemente armadas, tais como lajes, vigas, paredes e pilares, etc., de acordo com a norma IS 456:2000.

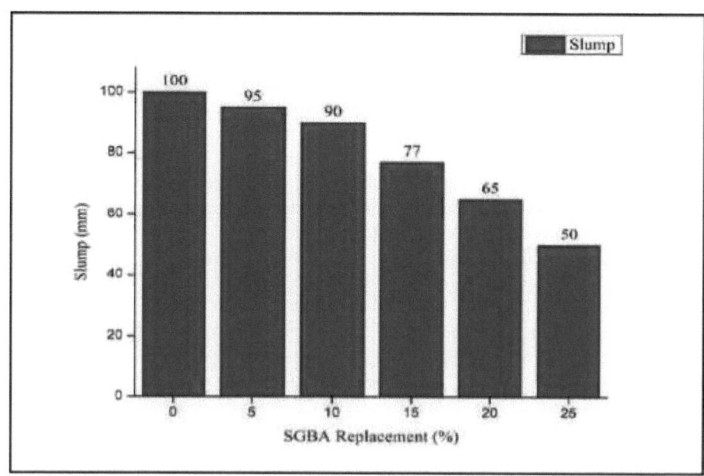

Fig 5.1 Variação do abatimento com diferentes proporções de SGBA

Assim, a adição de SGBA na mistura de betão resulta num aumento da necessidade de água para atingir um WKA necessário do betão, o que é desejável para o betão de elevado desempenho. Uma observação semelhante foi relatada por Cordeiro *et al.* (2009) em seus estudos, onde os valores de abatimento foram relatados diminuindo com o aumento da proporção de SGBA.

5.2.2 Efeito da SGBA na resistência à compressão

Os resultados do CS médio aos 7 dias, 28 dias, 90 dias e 180 dias para todas as seis misturas de betão são apresentados na Fig. 5.2. É evidente na Fig. 5.2 que a CS da mistura de controlo aos 7 dias, 28 dias, 90 dias e 180 dias é observada como 28,29 N/mm^2 , 34,64 N/mm^2 , 36,43N/mm^2 e 40.11 N/mm^2 respetivamente, enquanto que a CS da mistura de betão com 10% de substituição aos 7 dias, 28 dias, 90 dias e 180 dias é de 28,72 N/mm^2 , 35,38 N/mm^2 , 37,01 N/mm^2 e 43,01 N/mm^2 respetivamente. Portanto, o CS da mistura de concreto com 10% de substituição de cimento por SGBA foi observado um pouco mais alto e comparável ao da mistura de concreto de controle com a passagem do tempo. Chana *et al.* (2017) também relataram um comportamento semelhante de CS com o aumento da porcentagem de SGBA e atingiram um valor ótimo em 10% de substituição de cimento por SGBA. Mas, houve um
diminuição gradual da CS para além de 10% de substituição do cimento por SGBA.

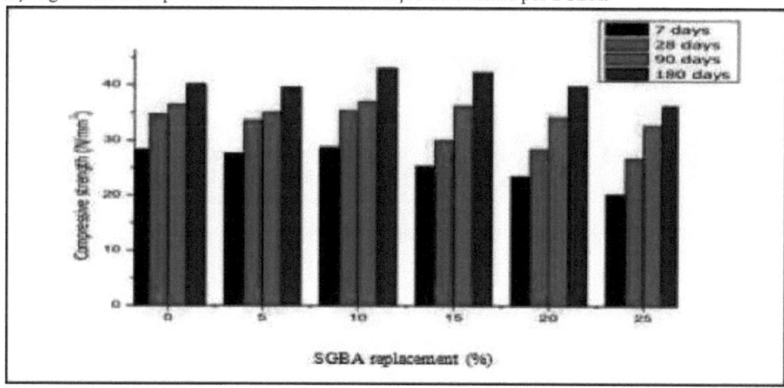

Fig.5.2 Variação da resistência à compressão para diferentes misturas de betão aos 7, 28, 90 e 180 dias

Observou-se um aumento da CS das diferentes misturas durante o período inicial, principalmente devido às propriedades pozolânicas da SGBA. O aumento da CS também pode ser atribuído às propriedades físicas e químicas da SGBA. A elevada área de superfície específica da SGBA pode ser responsável e uma razão para o aumento inicial da CS. As reacções pozolânicas entre a sílica (S1O2) e o hidróxido de cálcio residual (Ca (OH) 2) e, consequentemente, um aumento do gel de silicato de cálcio hidratado (C-S-H) podem ter resultado no aumento da CS durante o período inicial. Além disso, a própria sílica (S1O2) foi hidratada no ambiente alcalino, o que também pode ser outra razão para o aumento da CS nas fases iniciais. Bangar *et* "/. (2017) relataram que a redução no desenvolvimento da resistência final em estágios posteriores pode ser atribuída devido à baixa reatividade da sílica (S1O2) e à redução simultânea no conteúdo de CaO. Este decréscimo da resistência para além de 10% de substituição de cimento por SGBA também pode ser devido à adesão inadequada da cinza de bagaço com a superfície do agregado e do cimento, portanto, resultou na redução da resistência de ligação entre o agregado e o cimento na mistura de concreto, conforme relatado por Sobuz *et* "/. (2014). Portanto, pode-se inferir que o CS ideal da mistura de concreto (43,01 N / mm^2) pode ser obtido substituindo 10% de cimento por SGBA.

5.2.3 Efeito doSGBA na resistência à tração

A resistência à tração do betão foi determinada de acordo com o procedimento descrito no Capítulo 3, na secção 3.5.3. A média da resistência à tração do betão aos 28 dias para todas as seis misturas é apresentada na Fig. 5.3. É evidente a partir da Fig. 5.3, que o TS do betão preparado pela substituição do cimento por 10% de SGBA em peso, foi observado ligeiramente mais elevado (2,70 N/mm^2) do que o betão de controlo sem substituição por SGBA (2,48 N/mm^2). O TS diminuiu ainda mais para além de 10% de substituição de cimento por SGBA aos 28 dias. Devido ao carácter frágil do betão, este apresenta uma fraca resistência à tração (cerca de 10 a 15% da resistência à compressão) e depende do CS. Tal como a CS, observou-se que a resistência à tração aumentou com o aumento da percentagem de SGBA e atingiu um valor ótimo com 10% de substituição do cimento por SGBA. Srinivasan *et al.* (2010) relataram uma variação semelhante com o uso de SGBA no betão. A possível razão para a diminuição gradual da resistência à tração com o aumento da porcentagem de SGBA pode ser devido ao efeito de enchimento [Bangar *et al.* (2017)]. Assim, pode-se inferir que a resistência à tração de 2,70 N / mm^2 foi observada em 10% de substituição do cimento por SGBA.

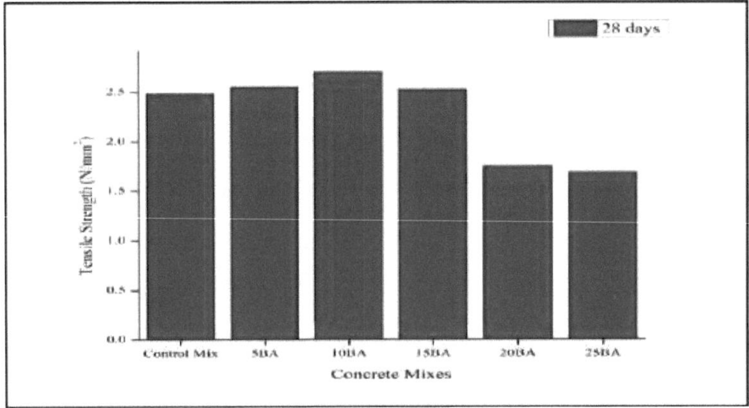

Fig.5.3 Variação do TS para diferentes misturas aos 28 dias.

5.2.4 SulphateAttack (SA)

O ensaio de ataque por sulfato foi efectuado em cubos de 150 mm de dimensão. Os cubos foram

Os cubos foram imersos numa solução de Na2SO4 de concentração 10000 ppm e testados quanto à sua CS após 90 e 180 dias de cura. Os resultados do ensaio de CS aos 90 dias e 180 dias de cura em água e cura em solução de sulfato (10000 ppm) para diferentes misturas são apresentados nas Tabelas 5.1 e 5.2.

Tabela 5.1 Percentagem de perda de CS aos 90 dias de cura com água e aos 90 dias de cura com solução de sulfato para diferentes misturas

Misturas de betão	Resistência à compressão a 90 dias de cura em água	Resistência à compressão a 90 dias sulfato solução	% de perda de resistência à compressão aos 90 dias
Mistura de controlo	36.43	35	3.9
5BA	35.01	34.15	2.45
10BA	37.01	36.55	1.24
15BA	36.22	35.44	2.15
20BA	34.21	33.25	2.81
25BA	32.67	31.45	3.73

Tabela 5.2 Percentagem de perda de CS aos 180 dias de cura com água e aos 180 dias de cura com solução de sulfato para diferentes misturas

Misturas de betão	Resistência à compressão a 180 dias de cura em água	Resistência à compressão a 180 dias de cura com solução de sulfato	% de perda de resistência à compressão aos 180 dias
Mistura de controlo	40.11	37.15	7.37
5BA	39.56	37.09	6.24
10BA	43.01	40.85	5.02
15BA	42.34	40	5.52
20BA	39.87	37.55	5.81
25BA	36.25	34	6.2

Observou-se que a perda de resistência à compressão (CsL) é mínima para a substituição de 10% de SGBA (mistura de betão 10BA) aos 90 dias e 180 dias. A Fig.5.4 mostra a variação da CsL em diferentes misturas de betão e revela que a CsL é mínima com 10% de SGBA aos 90 e 180 dias, enquanto na mistura de controlo, a CsL é máxima aos 90 e 180 dias.

Observações semelhantes foram registadas por Joshaghani *et al.* (2016) ao substituir o cimento por SGBA. Além disso, a CsL aumenta com o passar do tempo. O ataque de sulfato pode causar a redução da resistência devido à formação de etringitas, conforme observado por Shafiq *et al.* (2014). Concluiu-se também que a taxa de perda de resistência foi mínima para esta amostra de mistura de betão, o que confirma que a resistência ao SA é melhorada na amostra de lOBA.

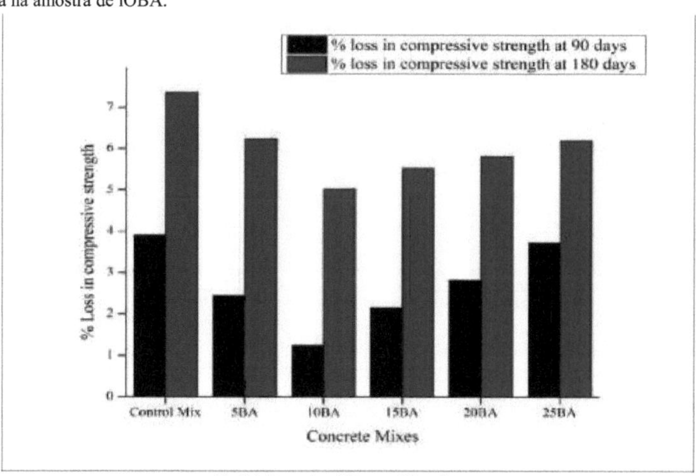

Fig.5.4 Ataque de sulfato em várias misturas

5.3 Utilização de pó de pedra como uma alternativa eficaz para a substituição de areia no betão

5.3.1 Efeito do pó de pedra (SD) nas propriedades do betão fresco e endurecido

5.3.1.1 Trabalhabilidade do betão.

O WKA das diferentes misturas foi determinado utilizando o ensaio de abatimento e o ensaio do fator de compactação (CF), de acordo com o procedimento de ensaio estabelecido na norma IS 1199-1959. Para examinar o WKA baixo ou médio, foram efectuados os ensaios de abatimento e de fator de compactação para determinar a trabalhabilidade. O efeito da adição de SD como substituição parcial da areia natural no WKA do betão (i.e. ensaio de abatimento e ensaio CF) é mostrado nas Figs.5.5 e 5.6, respetivamente. A trabalhabilidade das misturas de betão diminuiu com o aumento das percentagens (0%, 10%, 20%, 30%, 40%, 50% e 60%) de SD.

A textura lisa e a forma arredondada das partículas tornaram o betão mais fácil de trabalhar, tendo-se observado um maior coeficiente de atrito interno na mistura de controlo. A forma angular e a textura rugosa do SD triturado aumentaram o atrito interno nas misturas de betão em que a areia natural foi parcialmente substituída por SD, pelo que o WKA diminuiu com o aumento da percentagem de substituição do SD. Quadri *et al.* (2013) fizeram observações semelhantes ao testar o WKA quando o pó de pedra foi parcialmente substituído pela areia natural.

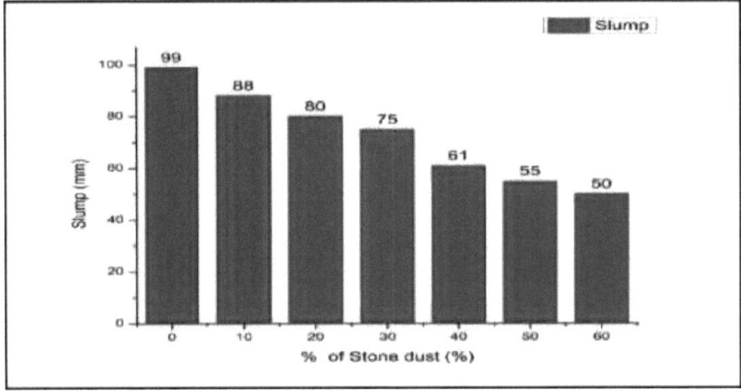

Fig.5.5 Variação de um abatimento com diferentes proporções de pó de pedra

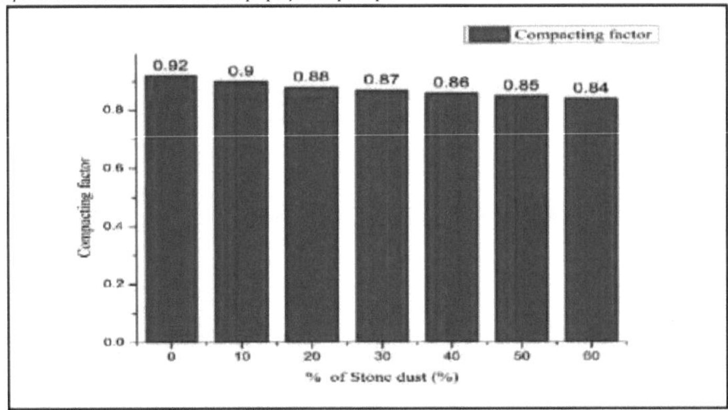

Fig.5.6 Variação de CF em diferentes proporções de pó de pedra

5.3.1.2 Resistência à compressão do betão.

A resistência à compressão (CS) do betão aos 7 dias, 28 dias, 90 dias e 180 dias foi testada de acordo com a IS 516 - 1959. A Fig.5.7 mostra a variação da CS com um aumento gradual da percentagem de SD como agregado fino num intervalo de 10%. Observa-se que a CS aumenta primeiro até uma certa percentagem de SD até um valor máximo (27, 35,69, 37,95 e 41 MPa aos 7, 28, 90 e 180 dias) e depois diminui com o aumento da percentagem de SD. No presente estudo, a areia natural foi substituída por SD em proporções que variaram de 10 a 60% e o nível ótimo de substituição de SD foi observado com 40% de substituição. A variação na CS pode dever-se à diferente capacidade de absorção de água do pó de pedra e da areia, a diferentes doses de superplastificante na mistura e à diferente angularidade das partículas, etc. Vários investigadores investigaram e comunicaram resultados semelhantes ao substituir a areia por pó de pedra [Reddy *et al.* (2014), Shukla *et al.*

(1998) e Bai *et al.* (2011)].

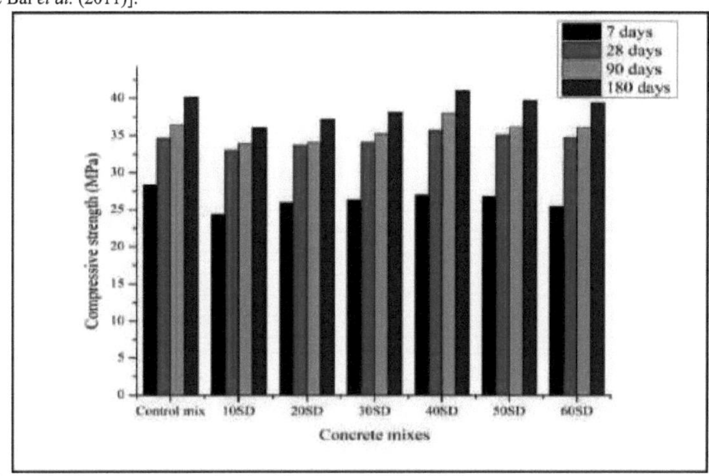

Fig. 5.7 Variação da CS com percentagem variável de pó de pedra aos 7, 28, 90 e 180 dias

5.3.1.3 Resistência à tração do betão. A resistência à tração de todas as misturas de betão após 28 dias e a sua variação são apresentadas na Fig. 5.8. A resistência à tração mostra uma tendência semelhante à do CS. A resistência à tração aumenta primeiro até 40% de substituição de pó de pedra, e depois diminui com o aumento da percentagem de SD. A resistência máxima à tração com 40% de substituição de pó de pedra foi de 2,89 MPa.

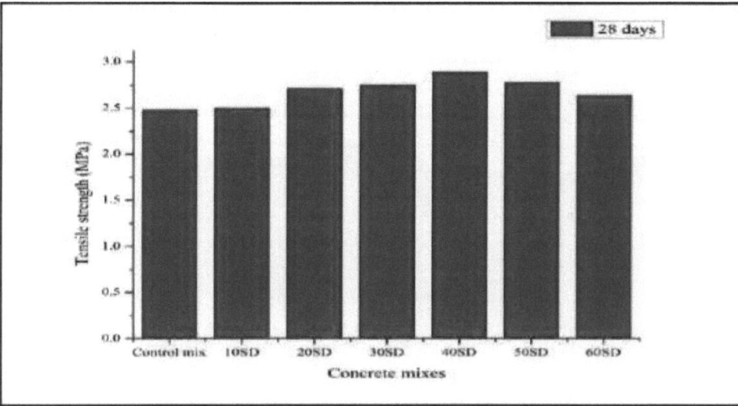

Fig.5.8 Variação do TS com pó de pedra aos 28 dias

5.3.2 Análise da durabilidade

5.3.2.1 Resistência a ácidos. A partir dos Quadros 5.3 e 5.4, a percentagem de perda de peso e a percentagem de perda de CS da mistura de controlo e das outras amostras foram determinadas quando os cubos de betão foram imersos em soluções de HCI a 5% e de H2SO4 a 5%. Observou-se que existe uma influência positiva da substituição de areia por SD no betão. A perda percentual de peso e a perda percentual de CS foram observadas aquando da imersão em soluções ácidas. Além disso, observou-se uma deterioração mais significativa do betão com a imersão em ácido clorídrico.

Quadro 5.3 Exposição a uma solução de HCI a 5% durante 90 e 180 dias

S.N.	Misturas de betão	% de perda de peso		% de perda em CS	
		90 dias	180 dias	90 dias	180 dias
1.	Mistura de controlo	4.45	4.97	17.01	25.01
2.	10SD	4.27	4.80	15.23	23.46

3.	20SD	4.09	4.75	13.67	21.67
4.	30SD	3.98	4.69	11.89	20.45
5.	**40SD**	**3.91**	**4.50**	**10.63**	**20.01**
6.	50SD	3.99	4.66	10.95	21.23
7.	60SD	4.06	4.73	11.25	22.13

Tabela 5.4 Exposição a uma solução de 5% H_2 SO_4 a 90 e 180 dias

S.N.	**Misturas de betão**	**% de perda de peso**		**% de perda em CS**	
		90 dias	180 dias	90 dias	180 dias
1	Mistura de controlo	7.45	9.79	15.02	18.74
2.	10SD	7.36	9.70	9.81	17.56
3.	20SD	7.01	9.61	8.66	15.86
4.	30SD	6.93	9.50	7.34	15.06
5.	40SD	6.89	9.30	6.83	14.12
6.	50SD	6.97	9.46	6.94	15.83
7.	60SD	7.05	9.54	7.01	16.08

5.3.2.2 Resistência aos sulfatos. A resistência do betão aos sulfatos foi testada aos 90 e 180 dias, quando os cubos de betão foram imersos em soluções de sulfato de sódio com uma concentração de 10000 ppm, determinando a sua resistência à compressão. Os resultados são apresentados nas Figs. 5.9 e 5.10, respetivamente, para os períodos de 90 e 180 dias. A CS foi observada mais elevada no caso da cura em água do que na cura em solução de sulfato após 90 dias, como se pode ver na Fig. 5.9. A CS da mistura de controlo foi de 36,43 MPa e 34,55 MPa quando os cubos foram curados em água e em solução de sulfato, respetivamente. A resistência à compressão mais elevada (37,95 MPa) foi observada na amostra 40SD no caso da cura com água e ligeiramente inferior (36,38 MPa) no caso da cura com soluções de sulfato. Da mesma forma, durante 180 dias, a resistência à compressão da mistura de controlo foi de 40,11 MPa (cura com água) e 35,69 MPa (cura com solução de sulfato) e a resistência à compressão foi óptima para a amostra (40SD) e foi de 41,00 MPa (cura com água) e 37,74 (cura com solução de sulfato), como se mostra na Fig. 5.10. A partir das Tabelas 5.5 e 5.6, observou-se que as perdas de resistência à compressão foram mínimas na amostra 40SD aos 90 e 180 dias de cura. Foi revelado que a amostra 40SD demonstrou excelentes propriedades de durabilidade do que as outras amostras.

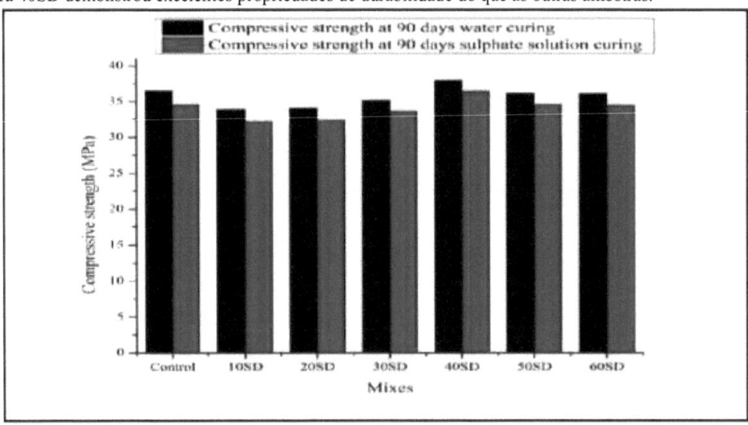

Fig.5.9 CS do betão no caso de cura com água e cura com solução de sulfato (lOOOOppm) aos 90 dias para diferentes misturas

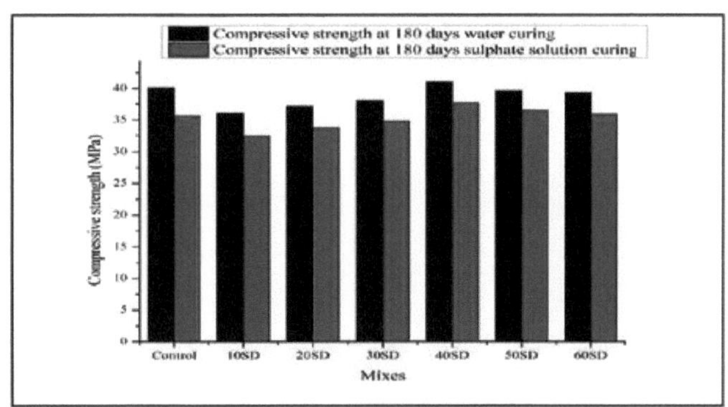

Fig. 5.10 CS do betão no caso de cura com água e cura com solução de sulfato (lOOOOppm) aos 180 dias para diferentes misturas

Tabela 5.5 Perda percentual na resistência à compressão (CS) aos 90 dias no caso de cura com água e cura com soluções de sulfato a 10000 ppm

Misturas	**CS (MPa) a 90 dias de cura em água**	**CS (MPa) a 90 dias solução de sulfato**	**% de perda de CS em 90 dias**
Mistura de controlo	**36.43**	**34.55**	**5.16**
10SD	33.86	32.16	5.02
20SD	34.00	32.35	4.85
30SD	35.17	33.58	4.52
40SD	**37.95**	**36.38**	**4.13**
50SD	36.13	34.55	4.37
60SD	36.07	34.39	4.66

Tabela 5.6 Percentagem de perda de resistência à compressão (CS) aos 180 dias quando os cubos são curados em água e em soluções de sulfato de 10000 ppm

Misturas	CS (MPa) a 180 dias de cura em água	CS (MPa) a 180 dias de solução de sulfato	% de perda de CS a 180 Dias
Mistura de controlo	**40.11**	**35.69**	**11.01**
10SD	36.03	32.48	9.85
20SD	37.15	33.75	9.15
30SD	38.10	34.79	8.68
40SD	**41.00**	**37.74**	**7.95**
50SD	39.66	36.47	8.04
60SD	39.36	35.88	8.84

A partir da Fig. 5.11, é evidente que a perda percentual de CS aos 90 dias e 180 dias na amostra 40SD foi o mínimo entre todas as outras misturas de betão (10SD, 20SD, 30SD, 40SD, 50SD e 60SD). A perda mínima para a amostra 10SD aos 90 dias e 180 dias foi de 4,13% e 7,95%, respetivamente, o que mostra que a amostra 10SD tem boa resistência ao ataque de sulfato.

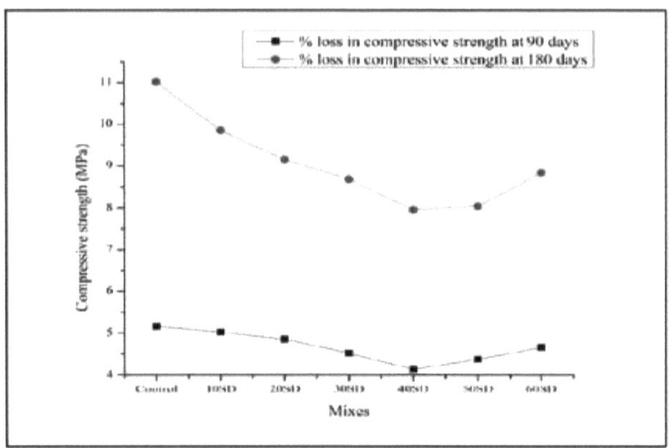

Fig. 5.11 Ataque de sulfato aos 90 dias e 180 dias no caso de cubos curados em água e solução de sulfato a 10000 ppm em diferentes misturas

A literatura revela que um nível ótimo de substituição de areia natural por pó de pedra é de 40%, 50% e 60%, dependendo da qualidade do pó de pedra. O intervalo ótimo pode variar entre 40-60%. Dependendo da finura do pó de pedra, o nível ótimo de substituição neste estudo foi observado em 40%, como é evidente nos resultados dos ensaios de resistência à compressão, resistência à tração e propriedades de durabilidade do betão.

5.4 Observações finais

Com base no trabalho de investigação, podem ser retiradas as seguintes conclusões da adição de SGBA como substituição parcial do cimento e de pó de pedra (SD) como substituição parcial da areia de rio na mistura de betão, com base nos vários resultados experimentais. Observou-se que a trabalhabilidade do betão diminui com o aumento da percentagem de SGBA como substituição parcial do cimento. A resistência à compressão relativamente óptima (41N/mm^2 durante 180 dias) foi alcançada com 10% de substituição de cimento por SGBA e observou-se uma tendência decrescente para além de 10% de substituição de cimento por SGBA. O TS ótimo (2,70 N/mm^2) também foi obtido com 10% de substituição do cimento por SGBA. A perda de resistência à compressão (CSL) foi mínima, ou seja, 1,24% para 90 dias e 5,02% para 180 dias para a mistura de 10% de SGBA, o que mostra que a resistência ao ataque de sulfato melhora com 10% de substituição por SGBA. No caso da substituição do pó de pedra, os valores do abatimento e do fator de compactação do betão diminuíram com o aumento da percentagem do pó de pedra. Por conseguinte, observou-se uma diminuição da trabalhabilidade com o aumento da percentagem de pó de pedra. Verificou-se que o CS e o TS eram mais elevados no nível de substituição de 40% de pó de pedra, e observou-se uma tendência decrescente para além do nível de substituição de 40% de pó de pedra. O nível ótimo de substituição do pó de pedra é de 40%, com base nos resultados experimentais. A substituição de 40% de areia por SD proporciona uma boa resistência contra o ataque ácido quando os cubos foram curados em soluções de ácido clorídrico a 5% e de ácido sulfúrico a 5%. Além disso, observa-se uma menor deterioração do betão com a solução de ácido sulfúrico. Por conseguinte, a solução de ácido sulfúrico demonstra oferecer uma melhor resistência contra o ataque ácido. A perda percentual de resistência à compressão foi de, no mínimo, 4,13% aos 90 dias e 7,95% aos 180 dias para a amostra de mistura 40SD, mostrando que a resistência ao ataque por sulfatos é melhorada no betão com 40% de substituição de areia por SD. Por conseguinte, concluiu-se que a mistura de betão com 10% de substituição de cimento por SGBA e 40% de substituição de areia por SD, pode revelar-se benéfica em misturas de betão sem comprometer as propriedades inerentes à mistura de betão convencional.

CAPÍTULO - VI

INVESTIGAÇÃO EXPERIMENTAL DAS PROPRIEDADES DE RESISTÊNCIA E DURABILIDADE DO BETÃO PREPARADO A PARTIR DE CINZAS DE BAGAÇO DE CANA-DE-AÇÚCAR E PÓ DE PEDRA

6.0 Generalidades

Nos últimos anos, o betão é utilizado como um componente essencial do material de construção. Vários materiais residuais (WM) têm sido utilizados na produção de betão. Atualmente, a procura de NS é relativamente elevada devido ao rápido crescimento das actividades de construção. Por conseguinte, a SD pode ser utilizada como alternativa à areia de rio, substituindo-a parcial ou totalmente no betão, uma vez que é um material mais barato e facilmente disponível. Do mesmo modo, a SGBA pode ser utilizada como alternativa ao cimento no betão. Estes aditivos têm um efeito positivo nas propriedades do betão. Boateng *et al.* (1990) verificaram uma melhoria da resistência à compressão com a utilização de aditivos minerais.

Enquanto isso, as propriedades mecânicas foram aprimoradas pelo uso de SGBA até um certo nível de substituição [Ganesan *et al.* (2007)]. Muitos investigadores verificaram que a durabilidade, uma das propriedades essenciais do betão, foi melhorada com a utilização de SGBA como substituição parcial do cimento [Lima *et al.* (2011), Joshaghani *et al.* (2016) e Santos *et al.* (2017)]. Está provado que é vital que o betão seja capaz de suportar as condições para as quais foi concebido ao longo da vida útil de uma estrutura [Sobhani *et al.* (2012)]. A durabilidade e o desempenho da argamassa são afectados pelas propriedades da areia, pelo que o AF é um componente essencial da argamassa de cimento [Rajput *et al.* (2014)]. Balamurugan *et al.* (2013) referiram que o pó de pedreira pode ser utilizado como um bom substituto da areia de rio, conferindo maior resistência a 50% de substituição na mistura de betão. Quadri *et al.* (2013) examinaram que os agregados finos substituídos por SD a 40% de substituição proporcionavam uma resistência máxima à compressão. A durabilidade é uma preocupação significativa nos sectores da construção em todo o mundo [Zuquan *et al.QQQTj]*. O ataque químico, a fissuração do betão e a consequente deterioração do betão, que resulta numa alteração de volume, tornam-se essenciais quando se trata dos aspectos de durabilidade do betão [Prasad *et* "/.(2006)]. O ataque de sulfatos ao betão torna-se um foco de investigação da durabilidade em engenharia civil [Hime *et*"/.(1999)] .

O ataque de sulfato (SA) resulta na deterioração do betão, que inclui danos relacionados com a decomposição micro-macro estrutural e de produtos de hidratação, que consiste principalmente no ataque de sulfato no betão [Gu *et al.* (2019), Cang *et al.* (2017)] que minimiza a fiabilidade e leva à pré-falha das estruturas de betão [Ikumi *et al.* (2019), Loudon (2003), Zhutovsky *et al.(2ßW)*\. Zuquan *et* "/.(2007) verificaram que a SA se deve principalmente à reação do sulfato de sódio [Na_2 SO4] e do hidróxido de cálcio [(Ca $(OH)_2$] para formar gesso, que reage com os hidratos de aluminato de cálcio para formar etringite (ETTG) com uma fórmula OA.3CS.H_{22} . A ETTG e o gesso são os principais produtos formados quando os produtos de hidratação do cimento, incluindo o silicato de cálcio hidratado, reagem com a solução de sulfato de magnésio [Hekala *et al.* (2002)]. Estas são as duas principais reacções que desempenham um papel vital no ataque do sulfato de sódio ao betão. O ataque de sulfato é influenciado por muitos fatores, como o tipo de aglutinante [Karakurt *et al.(2<ÒV\.'),* Diab *et al.QJÒYl')},* a relação água/aglutinante [Tang *et*"/.(2019)], a porosidade do concreto [Chen *et*"/.(2009)], período, condição e concentração de exposição ao sulfato [Zhou *et al.(2006),* Hekal *et*"/.(2002), Heidari *et*"/.(2014)] e cátion participante [Gollop *et*"/.(1992)] que influenciam a degradação resultante do ataque de sulfato e, portanto, é um fenômeno muito complicado Muitos pesquisadores trabalharam na influência da concentração da solução de sulfato de sódio no desempenho do concreto antes e depois do ataque de sulfato [Liu *et* "/.(2019)] e também no processo de dano do concreto exposto ao ataque de sulfato [Wang *et* "/.(2015), Roziere *et* "/.(2009), Akhras *et* "/.(2006), Ouyang *et* "/.(2014)].

No presente estudo, as experiências foram conduzidas para atingir níveis óptimos de substituição de cimento e areia por SGBA e SD, respetivamente, variando as suas percentagens. No nível ótimo de substituição, foram estudadas e apresentadas as várias propriedades, tais como as propriedades frescas (trabalhabilidade), mecânicas (CS e TS) e de durabilidade do betão assim preparado. O aumento gradual das actividades de construção em todo o mundo utiliza uma quantidade significativa de recursos naturais, o que pode levar a uma escassez dos recursos disponíveis no futuro. Diferentes investigadores têm procurado materiais alternativos que possam substituir total ou parcialmente os materiais naturalmente disponíveis na indústria da construção. O objetivo é também centrar-se no estudo da resistência e da durabilidade (DB) do betão preparado através da substituição de uma parte do cimento e da areia, respetivamente, por cinza de bagaço de cana-de-açúcar (SGBA) e pó de pedra (SD). No entanto, o estudo limita-se ao betão com 10% de substituição do cimento por SGBA e com percentagens variáveis (10%, 20%, 30%, 40% e 50%) de substituição da areia por pó de pedra. Foram realizados ensaios de betão endurecido, que incluem a resistência à compressão (RC) e a resistência à tração por compressão (RT), e são apresentados os resultados.

O estudo da durabilidade inclui o ensaio de resistência aos sulfatos (SRt), no qual os provetes foram expostos ao respetivo condicionamento químico durante 28 dias, 90 dias, 180 dias e 365 dias e a perda percentual de Cs em relação ao betão padrão foi comparada. Este capítulo também aborda os resultados da microscopia eletrónica de varrimento (SEM) e da espetroscopia de raios X por dispersão de energia (EDS), juntamente com o mapa elementar das misturas de betão para as observações da microestrutura e das composições elementares. No nível ótimo de substituição, as propriedades microestruturais do betão assim preparado foram estudadas e apresentadas nas secções seguintes.

6.1 Efeito da SGBA e da SD na trabalhabilidade do betão

A trabalhabilidade (WKA) de várias misturas de betão foi determinada pelo ensaio de abatimento, de acordo com o procedimento descrito na norma IS 1199:1959. A Fig. 6.1 mostra que a amostra de mistura de controlo tem uma trabalhabilidade máxima (valor de abatimento de 100 mm), enquanto a amostra de mistura de betão 10BA50SD tem uma trabalhabilidade mínima (valor de abatimento de 45 mm). A maior capacidade de consumo de água do SD é a principal razão para a diminuição do WKA com o aumento da percentagem de SD. Devido à ausência de material pozolânico e de resíduos de SD, a mistura de controlo apresenta um valor mais elevado de WKA. A trabalhabilidade do betão diminui devido à finura da SGBA e à capacidade de absorção de água do pó de pedra. Por conseguinte, as misturas com uma percentagem mais elevada de SD e a presença de material SGBA proporcionam um CMP inferior ao da mistura de controlo.

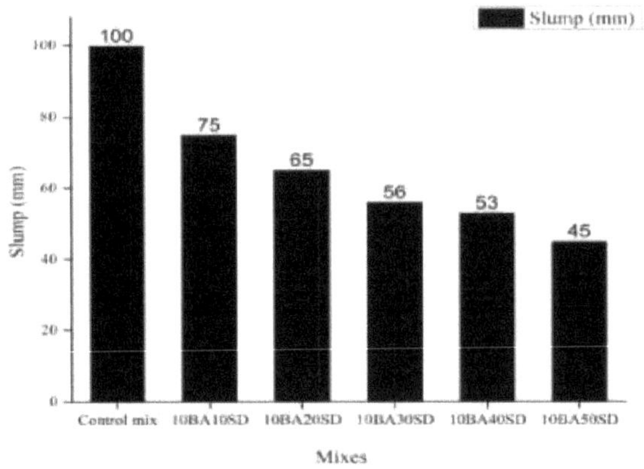

Fig. 6.1 Variações do abatimento (mm) em diferentes misturas

6.2 Efeito da SGBA e da SD na resistência à compressão (CS) do betão

A resistência à compressão de diferentes misturas de betão aos 7 dias, 28 dias, 90 dias e 365 dias é apresentada na Tabela 6.1. A CS aumentou até 40% de substituição de areia por SD, e uma maior incorporação de SD resultou numa diminuição da CS. As variações da resistência à compressão (CS) para todas as seis misturas são apresentadas na Fig. 6.2.

A mistura de controlo observada aos 7 dias, 28 dias, 90 dias, 180 dias e 365 dias, respetivamente, é de 29,98 N/mm^2 , 36,34 N/mm^2 , 38,33 N/mm^2 , e 41,22 N/mm^2 , 43,01 N/mm^2 ,. Por conseguinte, a amostra 10BA40SD fornece os valores óptimos de CS com 40% de substituição de areia por SD. Observa-se que o CS é ligeiramente superior quando 10% do cimento é substituído por SGBA e 40% da areia por SD, em comparação com o CS quando apenas a areia é substituída por SD. Neste trabalho, observa-se que a CS atinge um valor ótimo com 40% de substituição da areia por pó de pedra e, a partir daí, a CS diminui. Sahu *et al.* (2009) referiram que, ao substituir 40% de areia por pó de pedra na mistura de betão, a qualidade do betão não é comprometida. Kujur *et al.* (2014) referiram que a CS aumenta primeiro até um valor ótimo específico, após a adição de SD em vez de areia, e depois a CS diminui.

Tabela 6.1 Resistência média à compressão de diferentes misturas de betão

Compressão	7 dias	28 dias	90 dias	180 dias	365 dias

resistência (N/mm)²					
Mistura de controlo	28.29	34.64	36.43	40.11	43.01
10BA10SD	25.9	33.01	34.05	36.18	39.44
10BA20SD	26.01	33.86	35.12	37.55	40.17
10BA30SD	27.88	34.18	36.01	39.65	42.25
10BA40SD	29.98	36.34	38.33	41.22	45.01
10BA50SD	28.01	35.44	36.27	39.07	41.95

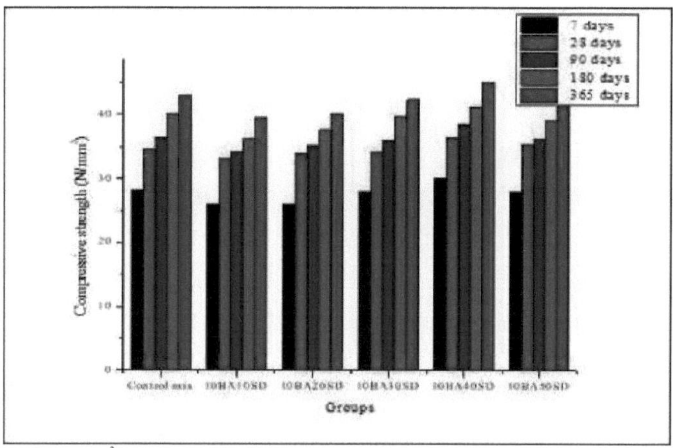

Fig. 6.2 Variações da CS (N/mm²) de diferentes misturas aos 7 dias, 28 dias, 90 dias, 180 dias e 365 dias

O nível ótimo de substituição do cimento por SGBA foi decidido através da realização do ensaio CS após 7, 28, 90 e 180 dias, descrito no capítulo 5, tendo-se verificado que era de 10%. A Fig. 6.2 mostra que o CS máximo das amostras de betão foi encontrado com a substituição de cimento por 10% de SGBA e 40% de substituição de areia por SD na amostra 10BA40SD.

6.3 Efeito da SGBA e da SD na resistência à tração por compressão (TS) do betão

A resistência térmica de todas as misturas de betão foi determinada utilizando uma amostra cilíndrica de betão (150 mm de altura e 300 m de diâmetro) após 28 dias de cura em água. O valor máximo de TS foi obtido para a mistura 10BA40SD com 10% de substituição de cimento por SGBA e 40% de substituição de areia por pó de pedra, como mostra a Tabela 6.2. O valor mais elevado de TS é alcançado em comparação com a mistura de controlo até 40% de substituição da areia por pó de pedra devido à maior finura da SGBA, às reacções pozolânicas das cinzas e à capacidade máxima de absorção de água do pó de pedra. A variação do parâmetro TS das misturas de betão para diferentes amostras é apresentada na Fig. 6.3. Observa-se uma tendência de variação do TS semelhante à registada no caso do CS.

Tabela 6.2 Resistência média à tração por compressão do betão aos 28 dias para diferentes misturas

Mixes	Control mix	10BA10SD	10BA20SD	10BA30SD	10BA40SD	10BA50SD
Average tensile strength (N/mm²) at 28 days	2.48	2.68	2.75	2.81	2.95	2.77

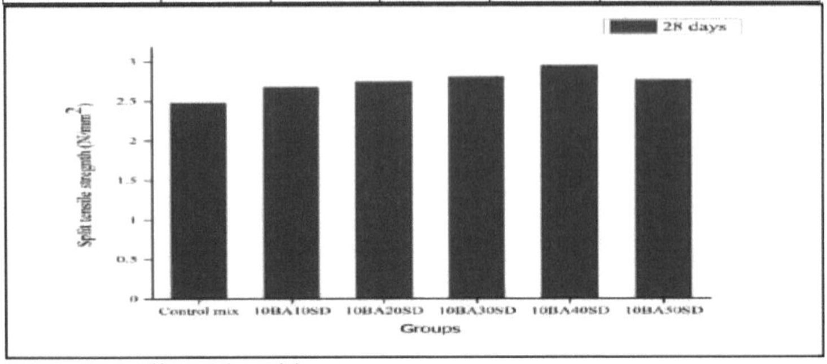

Fig. 6.3 Variações de TS para diferentes misturas de betão

6.4 Propriedades de durabilidade do betão

6.4.1 Ensaio de resistência aos ácidos

6.4.1.1 Efeito do ataque ácido no peso. O efeito da substituição de 10% do cimento por SGBA e da variação da percentagem de SD como substituto da areia no betão foi investigado através da percentagem de perda de peso (WLS) devido ao ataque ácido, utilizando dois ácidos diferentes (5% HC1 e 5% H2SO4) imersos durante 28 e 90 dias, como se apresenta na Tabela 6.3 e na Fig.6.4, respetivamente.

Tabela 6.3 Percentagem de perda de massa volúmica de várias misturas de betão aos 28 dias e aos 90 dias

S.N.	Nome	HC1		H_2SO_4	
		28 dias	**90 dias**	**28 dias**	**90 dias**
1.	Mistura de controlo (CC)	4.8	6.5	7.0	8.1
2.	10BA10SD	3.5	4.7	6.5	7.3
3.	10BA20SD	3.4	4.5	6.1	6.8
4.	10BA30SD	3.0	4.4	5.8	6.7
5.	10BA40SD	2.9	4.3	5.6	6.6
6.	10BA50SD	3.9	4.8	5.7	6.9

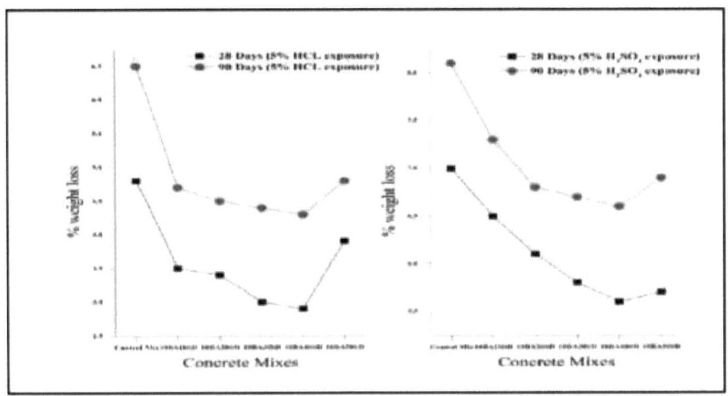

Fig.6.4 % de perda de peso de várias misturas de betão para dois meios ácidos diferentes 5 % HC1 e 5% H_2SO_4

A partir da Fig. 6.4 e da Tabela 6.3, pode ser facilmente revelado que o aumento na adição de materiais de substituição resultou na diminuição do WLS até a amostra 10BA40SD (10 % SGBA e 40% SD). No entanto, para além desta proporção, verifica-se um aumento da percentagem de WLS com um aumento adicional da percentagem de SD (amostra WLS). A razão por trás da diminuição da WLS pode ser devida à adição de SGBA mais fina e o aumento da % de SD também pode ser atribuído às suas propriedades pozolânicas e químicas. O número de fatores responsáveis pelo ganho de peso inclui a hidratação do cimento, a adição de SGBA e SD e maior absorção de água nas misturas de concreto [Khodabakhshian et al. (2018)]. As misturas com 10% de SGBA e 40% de SD tiveram o menor WLS. Observa-se ainda que a percentagem de DLS no betão diminuiu em comparação com a amostra de mistura de controlo. Comparando os resultados dos ensaios de cubos imersos em HC1 e H2SO4, verificou-se que a percentagem de DMP foi máxima quando as amostras foram imersas em ácido H2SO4, como mostra a Fig. 6.5. Assim, conclui-se que o ácido H2SO4 causou o ataque ácido mais grave do que o HC1.

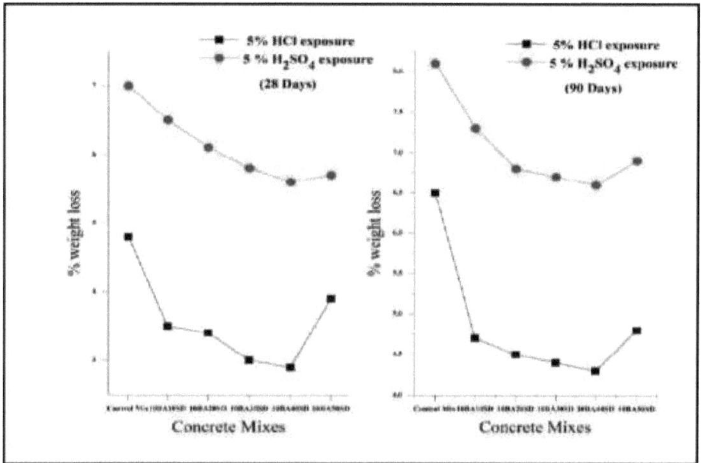

Fig.6.5 % de perda de peso de várias misturas de betão, comparando os dois meios ácidos (5% HCl e 5% H_2 SO)$_4$ durante 28 dias e 90 dias

6.4.1.2 Efeito do ataque ácido na resistência à compressão

A Tabela 6.4 mostra a percentagem de perda de resistência à compressão (CsL) dos cubos de betão ensaiados após 28 e 90 dias, quando os cubos foram curados em soluções ácidas de HCl a 5% e H2SO4 a 5%. A partir da Tabela 6.4, pode ser facilmente revelado que há uma diminuição gradual da percentagem de CsL à medida que o teor de material de substituição (SD) aumenta até 40%, como no caso da amostra 10BA40SD.

Mas há um aumento na CsL quando a percentagem de SD foi aumentada para além dos 40%, como se pode ver na amostra 10BA50SD. De acordo com Gesoglu *et al.* (2015), existe uma relação entre a percentagem de CsL e a percentagem relativa de WLS quando os cubos foram curados em solução de H2SO4 aos 28 e 90 dias.

Tabela 6.4 CsL de várias misturas de betão aos 28 dias e 90 dias

S.N.	Nome	HCl		H_2SO_4	
		28 dias	**90 dias**	**28 dias**	**90 dias**
1.	Mistura de controlo (CC)	7.98	13.25	9.24	15.0
2.	10BA10SD	6.23	12.01	7.12	14.11
3.	10BA20SD	6.07	11.66	6.95	13.87
4.	10BA30SD	**6.0**	11.25	6.88	12.82
5.	10BA40SD	5.88	10.16	6.53	12.35
6.	10BA50SD	5.97	11.01	6.73	12.66

A partir da Tabela 6.4, pode ver-se que a % CsL para o betão da mistura de controlo foi de 7,98 e 13,25 quando imerso em HCl durante 28 e 90 dias, respetivamente. Para a cura em ácido H2SO4, os valores respectivos de % CsL foram 9,24 e 15,0 após 28 e 90 dias de imersão.

A percentagem de CsL foi mínima no caso da amostra 10BA40SD contendo 10 % de SGBA e 40 % de SD, como se mostra na Fig.6.6. Observou-se que a perda percentual de resistência aumentou com o aumento do período de imersão em ambas as soluções ácidas e observações semelhantes também foram notadas por outros pesquisadores [Lohani *et al.* (2012), Verma *et al.* (2020)].

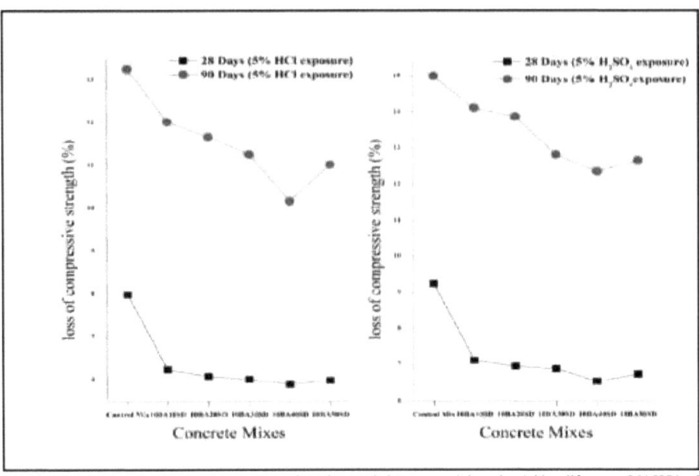

Fig.6.6 Perda percentual de resistência à compressão de várias misturas de betão para dois meios ácidos diferentes 5 % HC1 e 5% H_2 SO_4

A deterioração do betão é mais acentuada com o ácido sulfúrico do que com outros ambientes ácidos (HC1), como mostra a Fig. 6.7. Isto pode provavelmente dever-se ao ataque dos iões sulfato e ao efeito de dissolução dos iões hidrogénio na solução de ácido sulfúrico [Mohseni *et al.* (2017)].

A utilização da SGBA como substituto parcial do cimento e da SD como substituto parcial da areia pode ser considerada como uma forma eficaz de aumentar a resistência das misturas de betão ao ataque ácido.

Resultados semelhantes foram relatados por outros pesquisadores em seus estudos anteriores [Lohani *et al.* (2012), Singh *et al.* (2016) e Aarthi *et* "/.(2018)]. Pode inferir-se que existe uma influência positiva da substituição do cimento por SGBA e da areia por SD no betão. 10% de substituição de cimento por SGBA e 40% de substituição de areia por SD proporcionam uma melhor resistência contra o ataque ácido quando os cubos foram curados em soluções de ácido clorídrico a 5% e ácido sulfúrico a 5%.

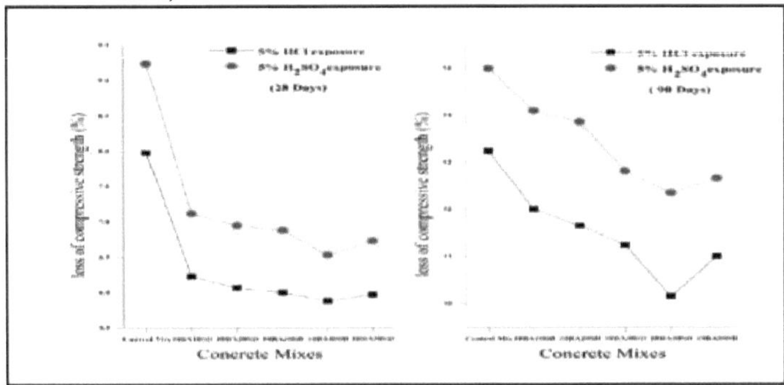

Fig.6.7 Percentagem de perda de resistência à compressão de várias misturas de betão, comparando os dois meios ácidos (5 % HC1 e 5% H2SO4) durante 28 dias e 90 dias

6.4.2 Ensaio de resistência ao sulfato (SRt)

Foram utilizados cubos de betão com 150 mm de dimensão para a realização do ensaio de resistência aos sulfatos. Os cubos de betão foram imersos em soluções de sulfato de sódio (SS) de concentrações lOOOOppm, 15000 ppm e 20000 ppm e água. A CS foi determinada após 90 dias, 180 dias e 365 dias de cura. A partir das Figs. 6.8, 6.9 e 6.10, pode observar-se que a CS é ligeiramente mais elevada no caso dos cubos curados em água do que nos cubos curados em solução de SS. A CS da mistura de controlo foi de 36,43 N/mm^2 com cura em água e 34,75 N/mm^2 , 34,4 N/mm^2 e 34,01 N/mm^2 respetivamente quando curada em soluções de sulfato de 10000 ppm, 15000 ppm e 20000 ppm durante 90 dias.

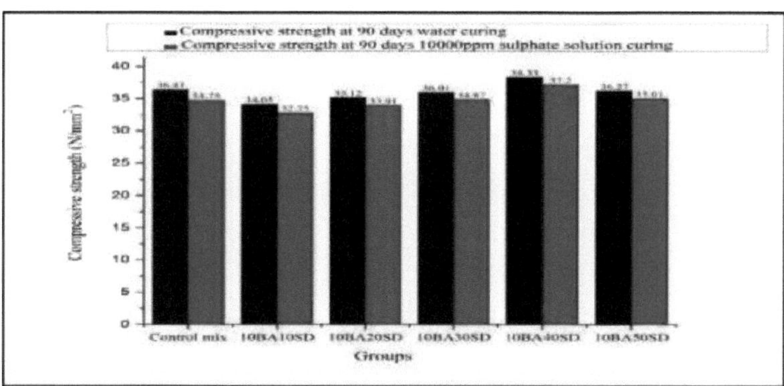

Fig.6.8 Comparação da CS (N/mm^2) do betão aos 90 dias quando curado em água e solução de SS (lOOOOppm) para diferentes misturas de betão

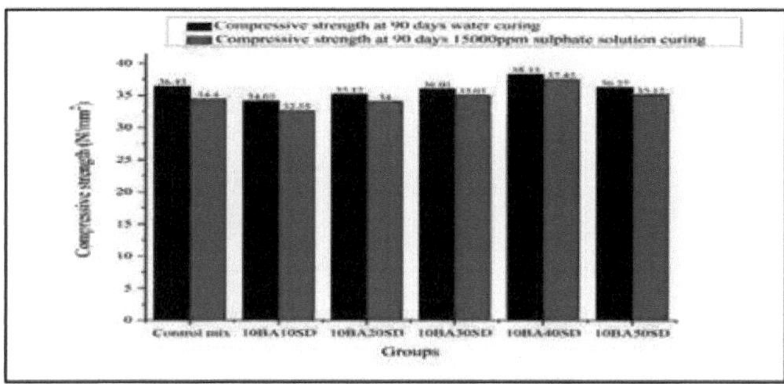

Fig. 6.9 Comparação da CS (N/mm^2) do betão aos 90 dias quando curado em água e solução de SS (15000ppm) para diferentes misturas de betão

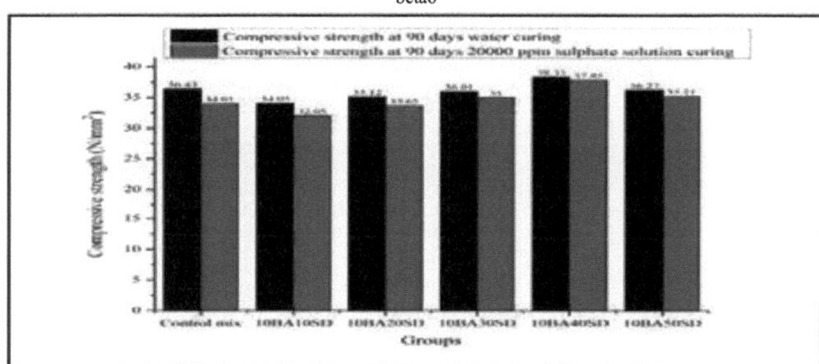

Fig. 6.10 Comparação da CS (N/mm^2) do betão aos 90 dias quando curado em água e SS (20000ppm) para diferentes misturas

A CS foi encontrada no máximo como 38,33 N/mm^2 na amostra 10BA40SD quando curada em água. A CS foi observada como 37,2 N/mm^2 , 37,45 N/mm^2 e 37,85 N/mm^2 quando curada em solução de sulfato de concentrações 10000 ppm, 15000 ppm e 20000 ppm respetivamente durante 90 dias. Observações semelhantes podem ser feitas nas Figs.6.11, 6.12 e 6.13 após 180 dias de cura em soluções de água e sulfato. Mas a resistência à compressão foi ligeiramente superior à resistência observada após 90 dias de cura. A CS da mistura de controlo foi de 40,11 N/mm^2 quando curada em água e 36,45 N/mm^2 , 35,61 N/mm^2 e 35,29 N/mm^2 respetivamente quando curada em soluções de sulfato de 10000 ppm, 15000 ppm e 20000 ppm durante 180 dias. A CS da amostra 10BA40SD foi observada no máximo (41,22 N/mm^2) com cura em água e 38,12 N/mm^2 ,38,31 N/mm^2 , e 38,35 N/mm^2 curada em soluções de SS de 10000 ppm,15000 ppm e 20000 ppm respetivamente. O CS é ligeiramente mais elevado quando os cubos são curados em água do que quando são curados em SS.

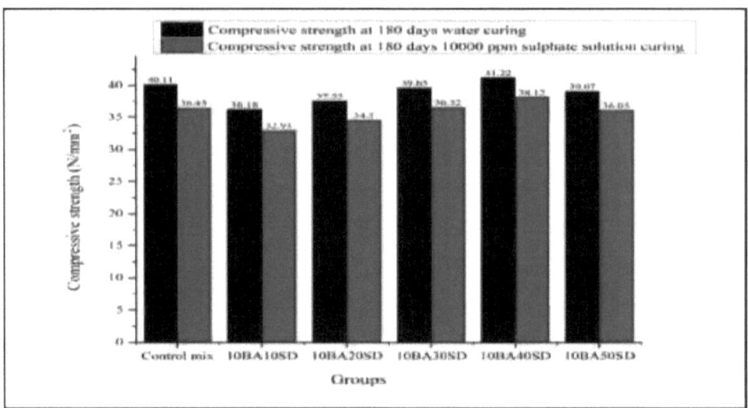

Fig. 6.11 Comparação da CS (N/mm^2) do betão aos 180 dias quando curado em água e SS (lOOOOppm) para diferentes misturas

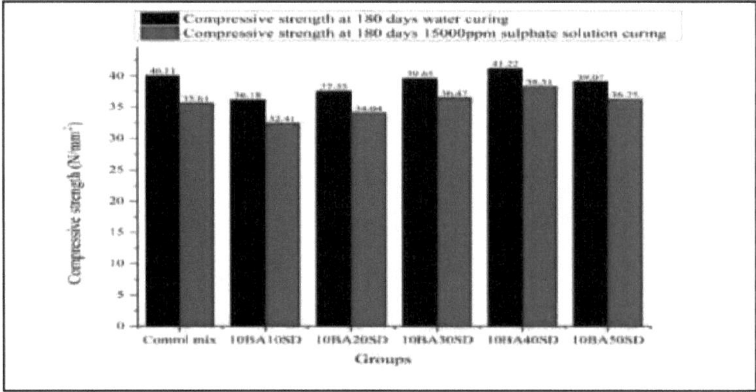

Fig. 6.12 Comparação da CS (N/mm^2) do betão aos 180 dias quando curado em água e solução de SS (15000ppm) para diferentes misturas

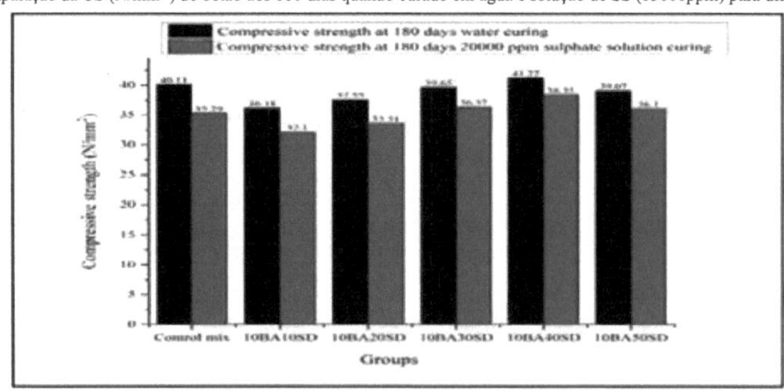

Fig. 6.13 Comparação da CS (N/mm^2) do betão aos 180 dias quando curado em água e SS (20000ppm) para diferentes misturas

De forma semelhante, nas Figs.6.14, 6.15 e 6.16, após 365 dias de cura em soluções de água e sulfato, pode ser visto um comportamento mais ou menos semelhante. Mas a resistência é ligeiramente mais elevada do que a observada após 180 dias de cura. A resistência à compressão da mistura de controlo foi de 43,01 N/mm^2 na cura em água e 36,42 N/mm^2 , 36,01 N/mm^2 e 35,13 N/mm^2 respetivamente quando curada em soluções de sulfato de 10000 ppm, 15000 ppm e 20000 ppm durante 365 dias. A CS da amostra 10BA40SD foi observada no máximo (45,01 N/mm^2 ' quando curada em água e 39,59 N/mm^2 , 40 N/mm^2 , e 40,39 N/mm^2 quando curada em soluções de SS de 10000 ppm,15000 ppm e 20000 ppm, respetivamente. O CS é ligeiramente mais elevado quando os cubos são curados em água do que quando são curados em SS.

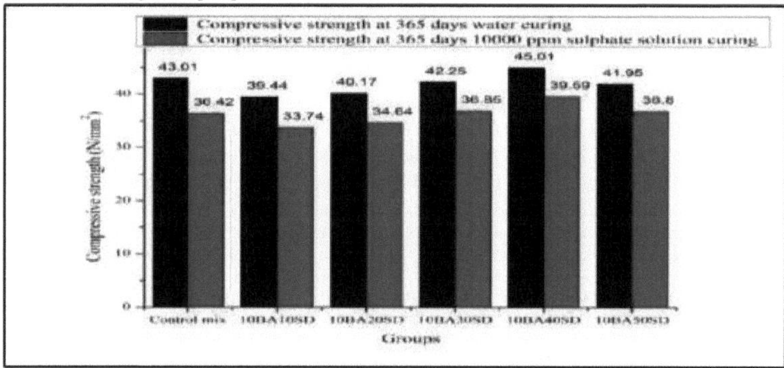

Fig. 6.14 Comparação da CS (N/mm^2) do betão aos 365 dias quando curado em água e SS (lOOOOppm) para diferentes misturas

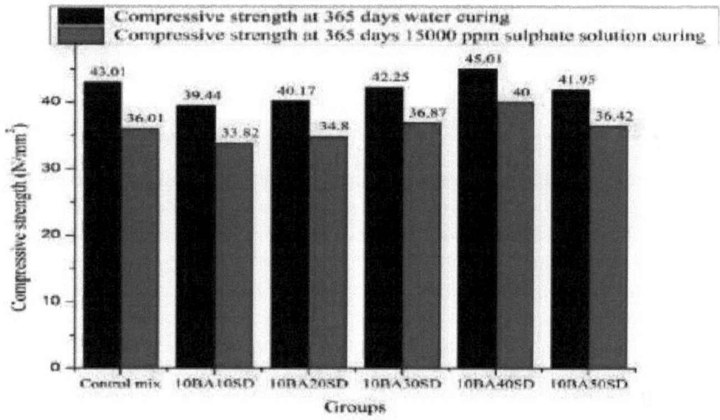

Fig. 6.15 Comparação da CS (N/mm^2) do betão aos 365 dias quando curado em água e SS (15000ppm) para diferentes misturas

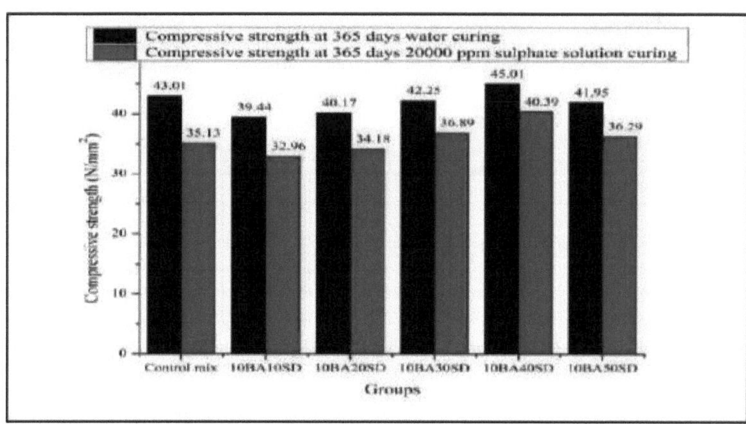

Fig. 6.16 Comparação da CS (N/mm^2) do betão aos 365 dias quando curado em água e SS (20000ppm) para diferentes misturas

6.4.2.1 SulphateAttack (SA)

A perda de resistência à compressão (CsL) após 90 dias quando curado em água e sulfato de sódio As concentrações de soluções de sulfato de 10000 ppm, 15000 ppm e 20000 ppm são apresentadas na Tabela 6.5. A Tabela 6.5 mostra que o CsL da mistura de betão de controlo foi de 4,61%, 5,46% e 6,64%, respetivamente, quando curado em soluções de sulfato de concentrações de 10000 ppm, 15000 ppm e 20000 ppm. No caso da amostra de mistura de betão 10BA40SD, o CsL foi de 2,94%, 2,29% e 1,25%, respetivamente, quando curado em soluções de sulfato de lOOOOppm, 15000ppm e 20000ppm durante 90 dias. A CsL foi observada mais baixa para a amostra 10BA40SD do que para todas as outras amostras após 90 dias. Foi observado um CsL mínimo para a amostra 10BA40SD e 20000 ppm SS aos 90 dias em comparação com o CS da mesma amostra quando curada em água e noutras soluções de sulfato.

Tabela 6.5 Percentagem de CsL aos 90 dias quando os cubos são curados em água e 10000 ppm, 15000 ppm e 20000 ppm de SS

Misturas	**CS (N/mm²) a 90 dias de cura em água**	**CS (N/mm²) aos 90 dias SS(10000p pm)**	**CS (N/mm²) aos 90 dias SS(15000p pm)**	**CS (N/mm²) aos 90 dias SS (20000pp m)**	**% de perda de CS aos 90 dias quando os cubos são curados em água e 10000 ppm SS**	**% de perda de CS aos 90 dias quando os cubos são curados em água e 15000 ppm SS**	**% de perda de CS aos 90 dias quando os cubos são curados em água e 20000 ppm SS**
Mistura de controlo	**36.43**	**34.75**	**34.4**	**34.01**	**4.61**	**5.46**	**6.64**
10BA10SD	34.05	32.75	32.55	32.05	3.81	4.4	5.87
10BA20SD	35.12	33.91	34	33.65	3.44	3.18	4.18
10BA30SD	36.01	34.87	35.01	35	3.16	2.77	2.8
10BA40SD	**38.33**	**37.2**	**37.45**	**37.85**	**2.94**	**2.29**	**1.25**
10BA50SD	36.27	35.01	35.12	35.21	3.47	3.17	2.92

Da mesma forma, o CsL para 180 dias após a cura em água e soluções de sulfato de sódio (10000 ppm, 15000 ppm e 20000 ppm) é mostrado na Tabela 6.6. A CsL da mistura de controlo foi de 10,24%, 11,2% e 12,01% quando curada em soluções de sulfato de concentrações 10000 ppm, 15000 ppm e 20000 ppm, respetivamente, e no caso da amostra de mistura de betão 10BA40SD, 7,52%, 7,05% e 6,94%, respetivamente, quando curada em soluções de sulfato de lOOOOppm, 15000ppm e 20000ppm durante 180 dias. Foi observado um CsL mínimo para a amostra 10BA40SD e curada em 20000 ppm SS a 180 dias em comparação com o CS da amostra curada com água e com soluções de sulfato. Verifica-se que a amostra 10BA40SD curada em 20000 ppm SS pode ser considerada boa do ponto de vista da durabilidade. A perda de resistência à compressão foi ligeiramente superior à CS determinada após 90 dias de cura da amostra 10BA40SD em água.

Tabela 6.6 Percentagem de CsL aos 180 dias quando os cubos são curados em água e SS (lOOOOppm, 15000 ppm e 20000 ppm)

Misturas	**CS (N/mm²) a 180 dias de cura em água**	**CS (N/mm²) a 180 dias SS(10000p pm)**	**CS (N/mm²) a 180 dias SS(15000p pm)**	**CS (N/mm²) aos 180 dias SS (20000pp m)**	**% de perda de CS aos 180 dias quando os cubos são curados em água e 10000 ppm SS**	**% de perda de CS aos 180 dias quando os cubos são curados em água e 15000 ppm SS**	**% de perda de CS aos 180 dias quando os cubos são curados em água e 20000 ppm SS**
Mistura de controlo	**40.11**	**36.45**	**35.61**	**35.29**	**10.24**	**11.2**	**12.01**
10BA10SD	36.18	32.93	32.41	32.1	8.98	10.4	11.26
10BA20SD	37.55	34.5	34.04	33.51	8.12	9.34	10.75
10BA30SD	39.65	36.52	36.47	36.37	7.89	8.01	8.27
10BA40SD	**41.22**	**38.12**	**38.31**	**38.35**	**7.52**	**7.05**	**6.94**
10BA50SD	39.07	36.05	36.25	36.1	7.72	7.21	7.6

Da mesma forma, o CsL para 365 dias após a cura em água e soluções de sulfato de sódio (10000 ppm, 15000 ppm e 20000 ppm) é mostrado na Tabela 6.7. O CsL da mistura de controlo foi de 10,24%, 11,2% e 12,01% quando curado em soluções de sulfato de concentrações 10000 ppm, 15000 ppm e 20000 ppm, respetivamente, e no caso da amostra de mistura de betão 10BA40SD, 7,52%, 7,05% e 6,94%, respetivamente, quando curado em soluções de sulfato de lOOOOppm, 15000ppm e 20000ppm durante 180 dias. Foi observado um CsL mínimo para a amostra 10BA40SD curada em 20000 ppm SS após 180 dias, em comparação com o Cs da cura com água, bem como da cura com soluções de sulfato. Verifica-se que a amostra 10BA40SD curada em solução de 20000 ppm SS pode ser considerada melhor do ponto de vista da durabilidade. A perda de resistência à compressão foi ligeiramente superior à CS determinada após 90 dias da amostra 10BA40SD curada em água.

Tabela 6.7 Percentagem de CsL aos 365 dias quando os cubos são curados em água e SS (lOOOOppm, 15000 ppm e 20000 ppm)

Misturas	CS (N/mm²) a 365 dias de cura em água	CS (N/mm²) aos 365 dias SSfl0OOOp pm)	CS (N/mm²) a 365 dias SS(15000p pm)	CS (N/mm²) a 365 dias SS (20000pp m)	% de perda de CS aos 365 dias quando os cubos são curados em água e 10000 ppm SS	% de perda de CS aos 365 dias quando os cubos são curados em água e 15000 ppm SS	% de perda de CS aos 365 dias quando os cubos são curados em água e 20000 ppm SS
Mistura de controlo	**43.01**	**36.42**	**36.01**	**35.13**	**15.3**	**16.26**	**18.3**
10BA10SD	39.44	33.74	33.82	32.96	14.44	14.23	16.43
10BA20SD	40.17	34.64	34.8	34.18	13.75	13.35	14.89
10BA30SD	42.25	36.85	36.87	36.89	12.77	12.73	12.67
10BA40SD	**45.01**	**39.59**	**40**	**40.39**	**12.03**	**11.12**	**10.25**
10BA50SD	41.95	36.8	36.42	36.29	12.27	13.16	13.47

O presente trabalho mostra que a CS é atacada significativamente durante 90 dias, 180 dias e 365 dias com o aumento da concentração de SS. A percentagem de CsL foi observada como 2,95, 2,29 e 1,25 após 90 dias, 7,52, 7,05 e 6,94 após 180 dias, e 12,03, 11,12 e 10,25 após 365 dias, quando os cubos foram curados em soluções de SS de lOOOOppm, 15000ppm e 20000ppm. O CS foi significativamente atacado por sulfato durante um período de 4 meses, que é inferior ao da amostra CM com o aumento da concentração da solução SS. A CS do betão foi considerada mais elevada com uma concentração baixa de SS [Liu *et al.* (2020)]. A variação no CsL pode dever-se à utilização de cinzas de bagaço como aditivo, o que pode ter ajudado a melhorar a resistência química. O CsL varia devido ao uso de material pozolânico secundário como aditivo na mistura de betão responsável por melhorar a resistência química [Medina *et al.* (2018), Binici *et al.* (2018), Ghorbani *et al.QMV),* Liu *et al.* (2018), Binici *et* "/.(2006)] e após o valor ideal, o CsL diminuiu ainda mais devido à diminuição da resistência da ligação (Medina et al 2018; Binici et al 2018). A deterioração devido à SA por soluções SS em termos de perda percentual de Cs é mostrada nas Figs. 6.17, 6.18 e 6.19, pode-se observar a partir dessas figuras que a perda percentual de CS da mistura de controle após 365 dias foi maior do que a de 180 dias e foi ainda maior do que a de 90 dias de cura em soluções de sulfato de sódio de concentrações lOOOOppm, 15000 ppm, 20000 ppm e água para misturas de concreto. Da mesma forma, no caso da amostra de mistura de betão 10BA40SD, a percentagem de perda de resistência à compressão após 365 dias foi superior à de 180 dias e à de 90 dias de cura quando curada em soluções de sulfato de lOOOOppm, 15000ppm e 20000ppm.

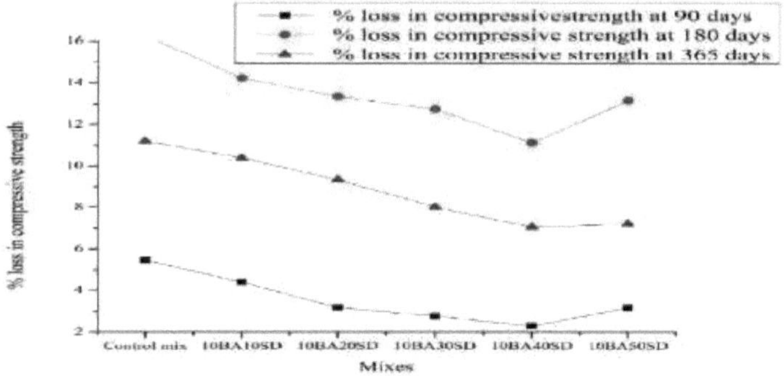

Fig. 6.17 SA em várias misturas aos 90 dias, 180 dias e 365 dias quando os cubos são curados em água e SS (lOOOOppm)

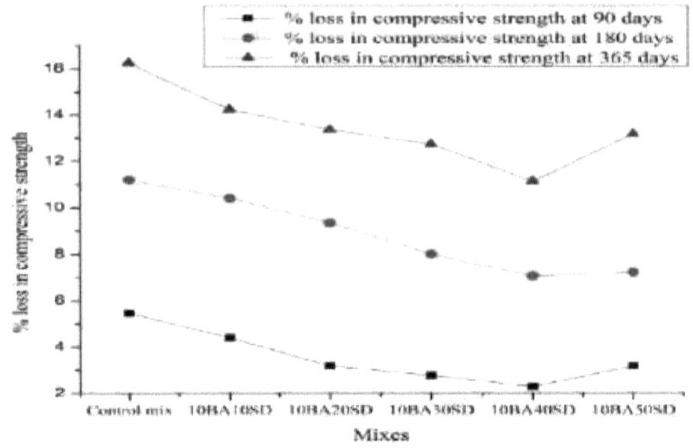

Fig.6.18 SA em várias misturas aos 90 dias, 180 dias e 365 dias quando os cubos são curados em água e SS (15000ppm)

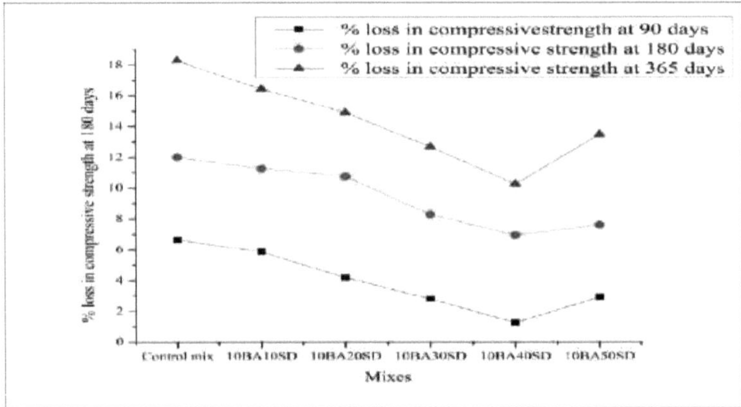

Fig.6.19 SA em várias misturas aos 90 dias, 180 dias e 365 dias quando os cubos são curados em água e SS (20000ppm)

No entanto, os valores da perda percentual de CS da amostra de betão (10BA40SD) foram inferiores aos da mistura de controlo, como se pode ver nas Tabelas 6.5, 6.6 e 6.7. Algumas imagens das amostras de betão após a sua exposição ao ataque de sulfatos são mostrados na Fig.6.20.

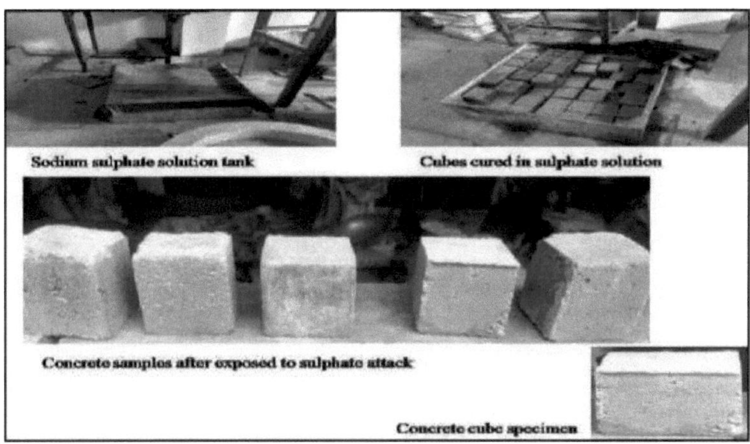

Fig.6.20 Algumas imagens de amostras de betão depois de expostas ao ataque por sulfatos

O ataque de sulfatos pode causar perda de resistência devido à formação de etringites. Além disso, o CsL da mistura de controlo após 90 dias, 180 dias e 365 dias foi mais elevado, o que indica que a mistura de controlo é mais suscetível ao ataque de sulfatos do que a amostra de betão (10BA40SD) que utiliza SGBA e SD. A melhoria do comportamento da amostra de betão utilizando SGBA e SD (10BA40SD) pode dever-se à presença de gel de silicato-aluminato de cálcio (C-S-H) com menor relação C/S obtida a partir da reação pozolânica.
A menor permeabilidade desta amostra impede que os sulfatos entrem na matriz cimentícia. No caso de 20000 ppm SS, a amostra 10BA40SD foi considerada melhor tanto do ponto de vista da durabilidade como do ponto de vista da resistência.

6.5 Estudos utilizando SEM, EDS com mapeamento elementar de betão preparado em condições óptimas para observar as variações na microestrutura

6.5.1 Técnicas de SEM eEDS

A análise da microestrutura foi realizada utilizando um instrumento de microscopia eletrónica de varrimento (SEM) [CARL ZEISS EVO50 Alemanha]. Inicialmente, o cimento foi substituído por SGBA e a sua resistência à compressão foi determinada de modo a obter a percentagem ideal (nível de substituição de 10% de SGBA), tal como descrito no capítulo 5, na secção resistência à compressão. As imagens SEM de 10% de SGBA (valor ótimo) em diferentes ampliações (1.00KX, 2.00KX, 3.00 KX, 3.50KX) são apresentadas na Fig. 6.21.
A análise EDS da área selecionada (ver retângulo na Fig. 6.22 (a)) mostra partículas da mistura de betão com o valor ótimo (10% de substituição de SGBA) que contém predominantemente silício, cálcio, oxigénio, alumínio, ferro, magnésio, etc., como se mostra na Fig. 6.22 (b) e a composição elementar da mistura de betão com o valor ótimo (10% de SGBA) é apresentada no Quadro 6.8.

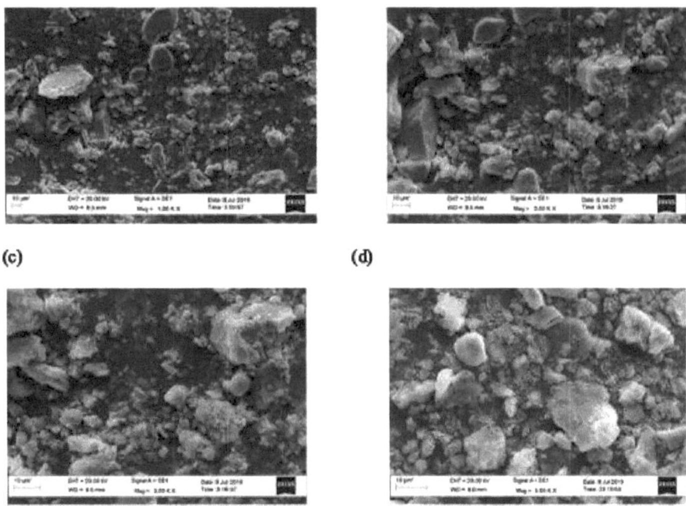

Fig.6.21 Imagem SEM de SGBA a 10% com a ampliação de (a) 1,00KX (b) 2,00KX (c) 3,00 KX (d) 3,50KX

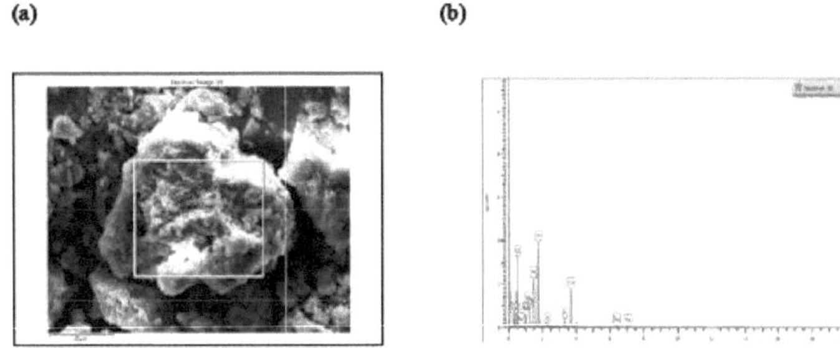

Fig. 6.22 Análise SEM do valor ótimo de 10% de SGBA com análise EDS (a) Mistura de 10% de SGBA (valor ótimo) para análise EDS (b) A análise EDS da área selecionada (retângulo) mostra partículas da mistura de betão com o valor ótimo (substituição de 10% de SGBA)

Tabela 6.8 Composição elementar da mistura de betão com valor ótimo

Etiqueta Spectrum	Peso (%)
C	16.73
O	46.65
Na	1.77
Mg	0.43
Al	7.43
Si	13.47
S	0.25
K	1.68
Ca	10.92
Fe	0.67
Total	100.00

O nível ótimo de substituição do cimento por SGBA foi decidido através da realização do teste CS após 7, 28, 90 e 180 dias, tal como descrito no capítulo 5 na secção CS, e foi considerado como sendo de 10%. Depois de atingir a percentagem ideal, a resistência à compressão foi determinada com 10% de SGBA (fix) juntamente com 10%, 20%, 30%, 40% e 50% de substituição de areia por SD após 28 dias, 90 dias, 180 dias e 365 dias de cura em água e três soluções de sulfato (10000 ppm, 15000 ppm e 20000 ppm), a fim de obter a mistura de betão ideal (MCO), tal como explicado na secção Resistência à compressão (RC). As imagens SEM da mistura de controlo (OBAOSD) e da amostra de mistura de betão ideal (10BA40SD) para 28 dias, 90 dias, 180 dias e 365 dias de cura em água são apresentadas na Fig.6.9. A amostra curada com solução SS (20000 ppm) proporcionou uma resistência máxima à compressão. A imagem SEM de várias misturas de betão após 28 dias, 90 dias, 180 dias e 365 dias de SS é mostrada na Tabela 7.3.

Tabela 6.9 Imagens SEM das amostras OBAOSD e 10BA40SD após 28 dias, 90 dias, 180 dias e 365 dias de cura em água

Imagens SEM das misturas de controlo (OBAOSD)	**Imagens SEM da mistura óptima (10BA40SD)**
Imagens SEM durante 28 dias	

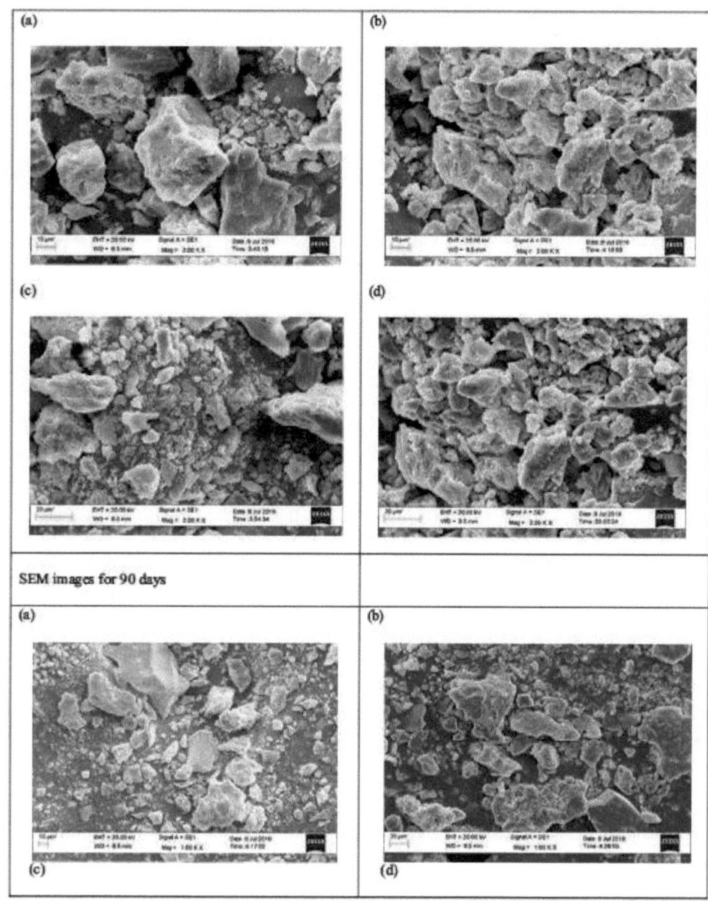

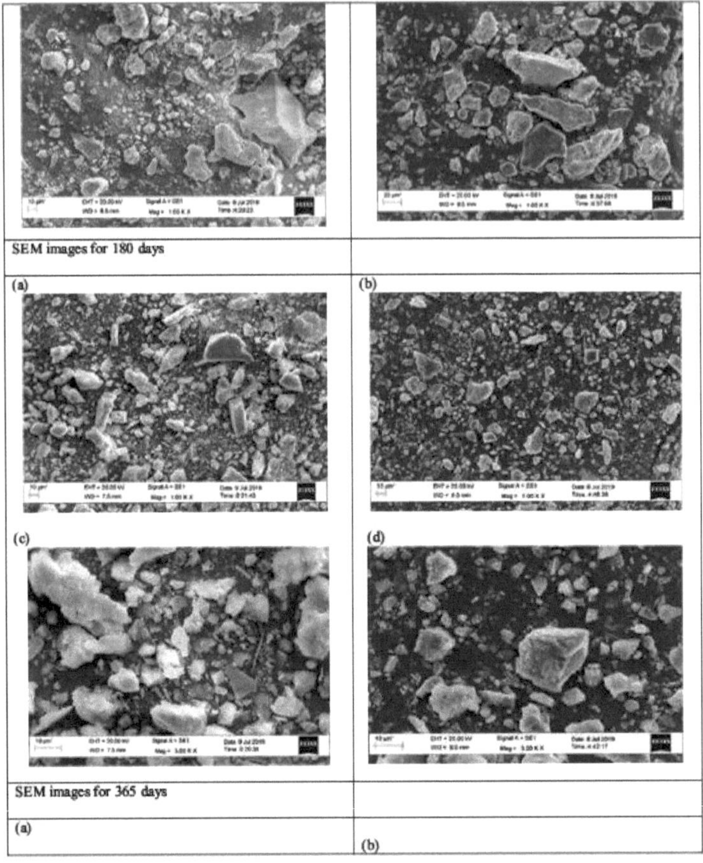

Concluiu-se que a superfície da amostra de mistura de betão curada em água apresenta gel de CSH e hidróxido de cálcio, enquanto que, no caso das soluções de sulfato de sódio, se formou a etringite. A etringite é uma estrutura semelhante a uma agulha que é a principal causa do ataque por sulfato. As imagens SEM da mistura de controlo e da amostra 10BA40SD, após 28, 90, 180 e 365 dias de cura com SS (10000 ppm), são apresentadas na Tabela 6.10

Tabela 6.10 Imagens SEM das amostras 0BA0SD e 10BA40SD após 28, 90, 180 e 365 dias de cura com 10000 ppm de SS

Imagens SEM das misturas de controlo (0BA0SD)	**Imagens SEM da mistura óptima (10BA40SD)**
Imagens SEM durante 28 dias	

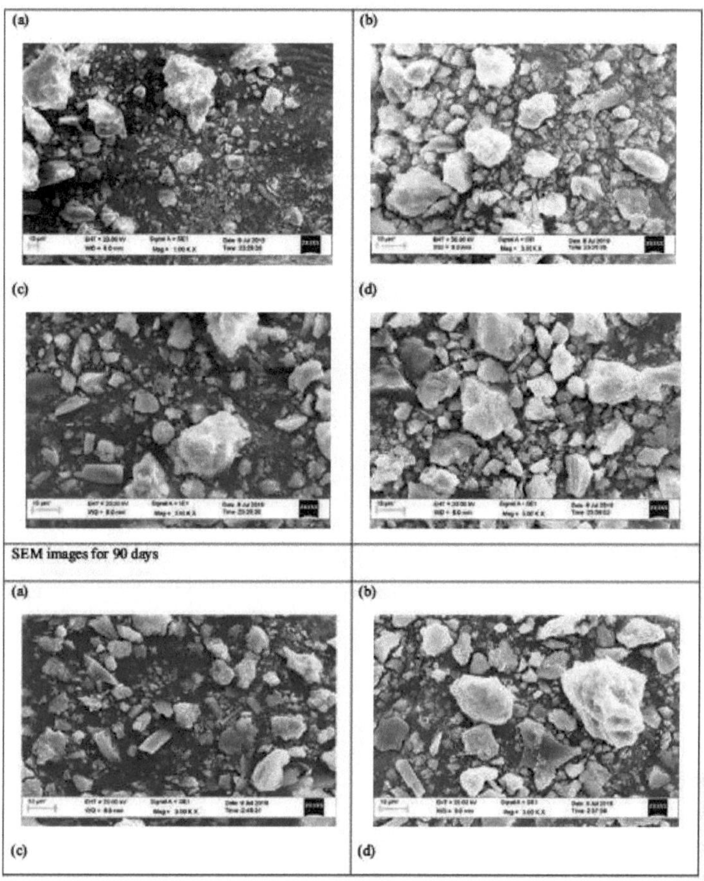

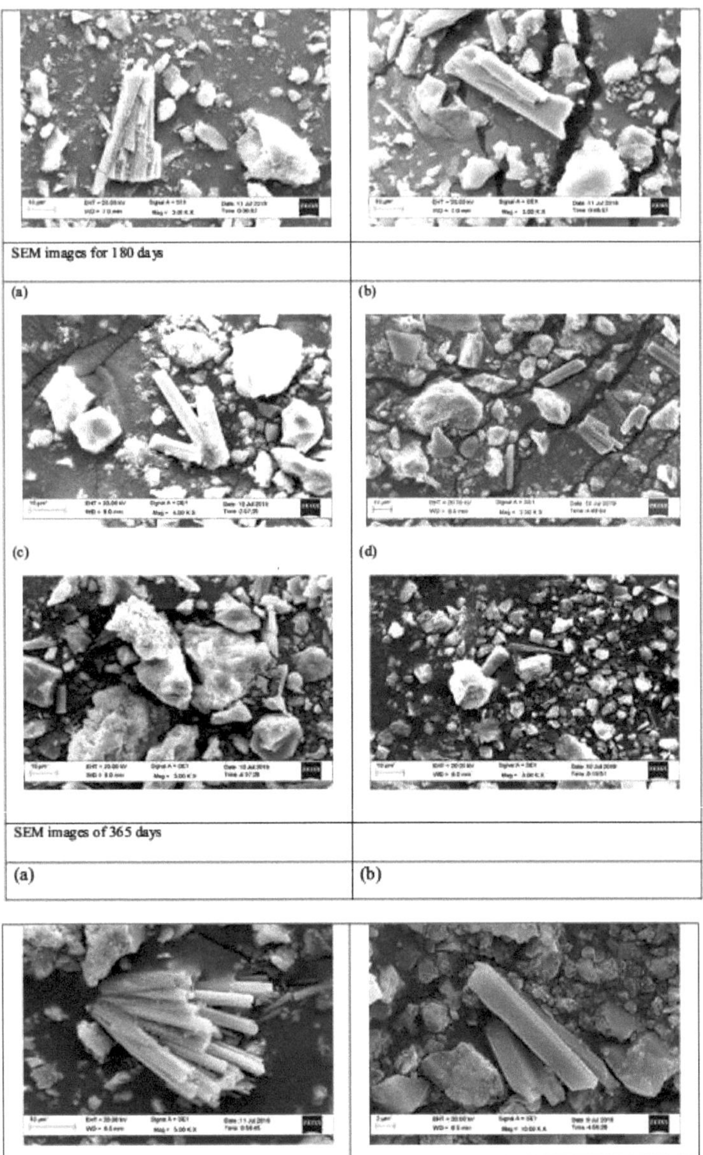

No caso de 10000 ppm de solução de sulfato de sódio, a etringite (ETTG) foi observada em amostras das imagens SEM da mistura de controlo (0BA0SD), bem como da amostra óptima 10BA40SD, após 28 dias, 90 dias, 180 dias e 365 dias, o que é mostrado na Tabela 6.10. Inicialmente (28 dias de alteração), a taxa de desenvolvimento de etringite era muito lenta, mas com o passar do tempo o seu desenvolvimento aumentou. Após 180 e 365 dias, os ETTG foram vistos muito claramente nas imagens SEM, que são a principal causa de SA.

As imagens SEM da mistura de controlo e da amostra 10BA40SD após 28, 90, 180 e 365 dias de cura de SS (15000 ppm) são apresentadas na Tabela 6.11

Tabela 6.11 Imagens SEM das amostras 0BA0SD e 10BA40SD após 28 dias, 90, 180 dias e 365 dias de cura com 15000 ppm de SS

Imagens SEM das misturas de controlo (0BA0SD)	**Imagens SEM da mistura óptima (10BA40SD)**
Imagens SEM durante 28 dias	
(a)	(b)

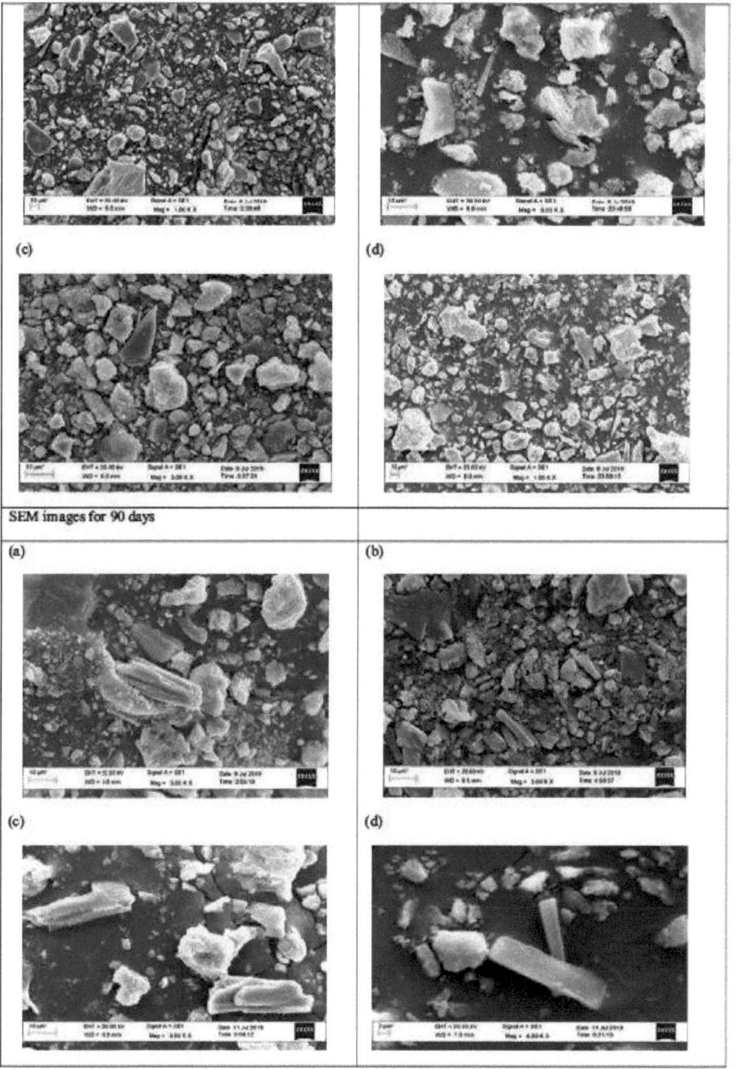

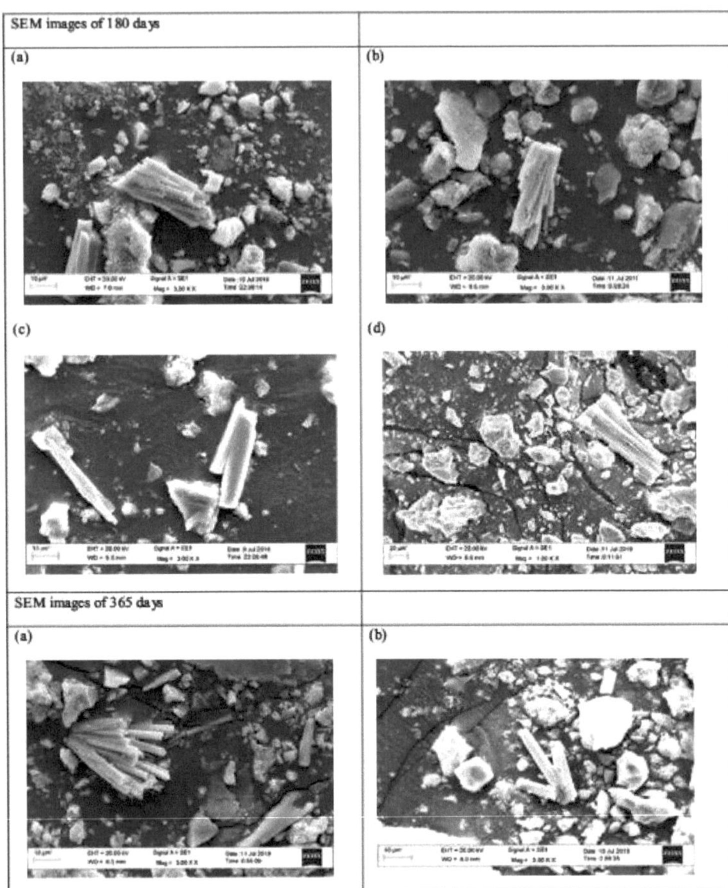

Do mesmo modo, no caso da solução de sulfato de sódio de 15000 ppm, foi observada etringite nas amostras das imagens SEM da mistura de controlo (OBAOSD), bem como na amostra óptima (10BA40SD) após 28 dias, 90 dias, 180 dias e 365 dias, o que é mostrado na Tabela 6.11. Inicialmente (após 28 dias), a taxa de desenvolvimento de etringite era muito baixa, mas com o passar do tempo, o seu desenvolvimento aumentou. Após 180 e 365 dias, os ETTG foram vistos muito claramente nas imagens SEM, que são a principal causa de SA. As imagens SEM da mistura de controlo e da amostra 10BA40SD após 28 dias, 90 dias, 180 dias e 365 dias de cura com SS (20000 ppm) são apresentadas na Tabela 6.12

Tabela 6.12 Imagens SEM das amostras 0BA0SD e 10BA40SD após 28, 90, 180 e 365 dias de 20000 ppm SS cura

Imagens SEM das misturas de controlo (0BA0SD)	**Imagens SEM da mistura óptima (10BA40SD)**
Imagens SEM durante 28 dias	

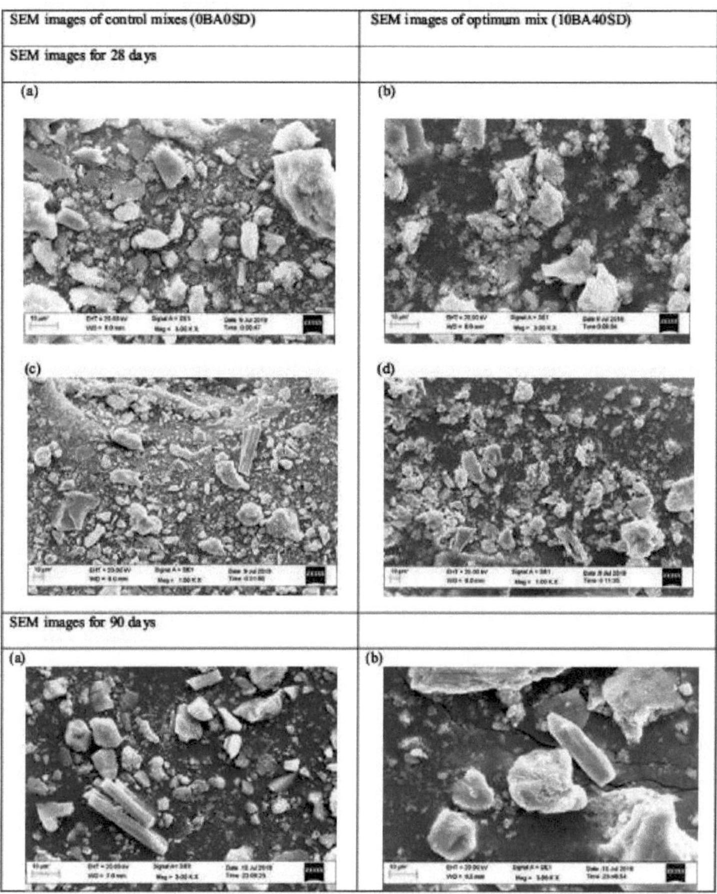
SEM images of control mixes (0BA0SD)
SEM images of optimum mix (10BA40SD)
SEM images for 28 days
(a)
(b)
(c)
(d)
SEM images for 90 days
(a)
(b)

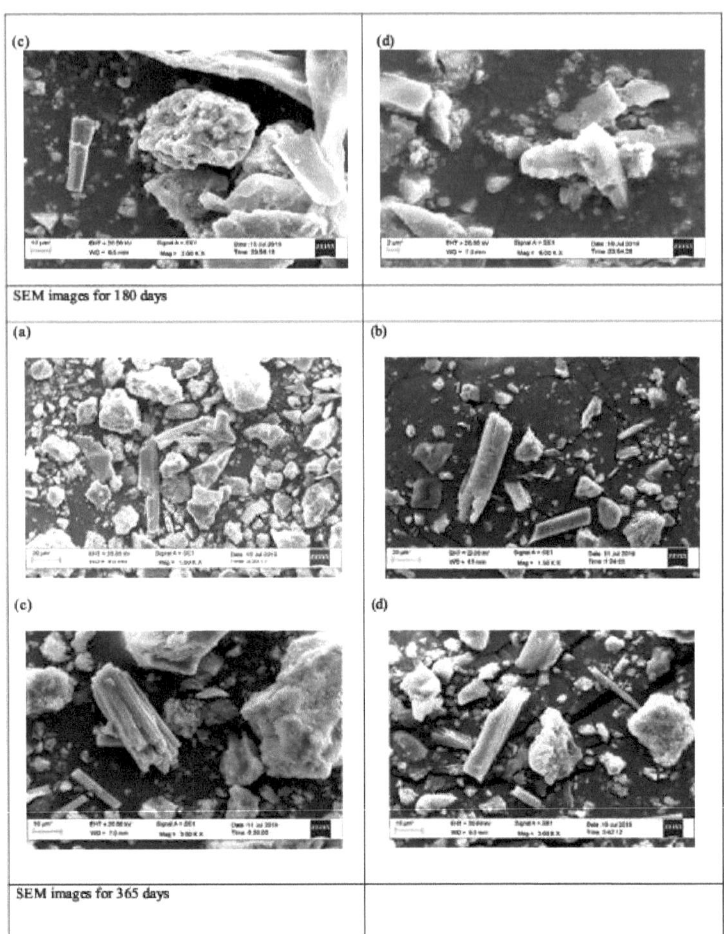
(c)
(d)
SEM images for 180 days
(a)
(b)
(c)
(d)
SEM images for 365 days

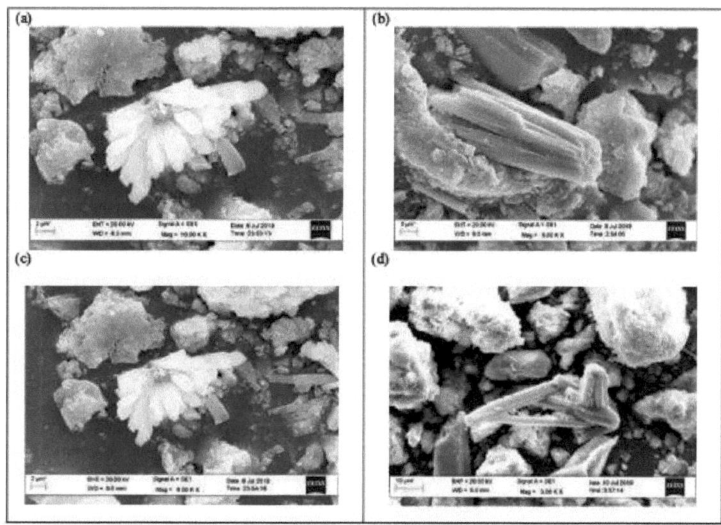

Da mesma forma, no caso da solução de sulfato de sódio de 20000 ppm, a etringite foi observada nas amostras das imagens SEM da mistura de controlo (0BA0SD), bem como na amostra óptima (10BA40SD) após 28 dias, 90 dias, 180 dias e 365 dias, o que é mostrado na Tabela 6.11. Inicialmente (após 28 dias), a taxa de desenvolvimento de etringite era muito baixa, mas com o passar do tempo, o seu desenvolvimento aumentou. Após 180 e 365 dias, os ETTG foram vistos muito claramente nas imagens SEM, que são a principal causa de SA.

A análise por espetroscopia de energia dispersiva (EDS) fornece a composição química de diferentes misturas de betão. A amostra desidratada e sem humidade é utilizada para o espetro EDS. A imagem SEM da amostra de betão 10BA40SD foi tirada para análise de EDS quando a amostra foi curada em água e em soluções de SS de 10000ppm, 15000ppm e 20000 ppm e depois testada após 28 dias, 90 dias, 180 dias e 365 dias, como se mostra na Tabela 6.13. A área retangular selecionada mostra partículas da amostra (10BA40SD) que contém principalmente oxigénio (O), silício (Si), cálcio (Ca), alumínio (Al), enxofre (S), etc. A composição elementar contém elementos como o cálcio, o silício, o oxigénio, o alumínio, o enxofre, etc. As elevadas concentrações de Ca referem-se ao cimento e as elevadas concentrações de Si correspondem aos agregados, uma vez que foi utilizada areia siliciosa. As concentrações de enxofre podem ser observadas devido aos agregados. Estas estavam associadas a concentrações elevadas de Ca. As concentrações de Al e S foram detectadas através da análise EDS, que confirma a presença de Ettringite (C3A.3CS.H32) na amostra (El-Hachem et al. 2012). Ao utilizar a análise SEM, a presença de etringite e gesso foi detectada morfologicamente e confirmada pelo espetro EDS.

Tabela 6.13 Análise EDS da amostra óptima 10BA40SD após 28, 90, 180 e 365 dias de cura em água e 10000ppm,15000 ppm e 20000ppm de cura SS

Análise EDS da amostra de betão ideal após diferentes tempos de cura

Análise EDS para 28 dias de cura em água

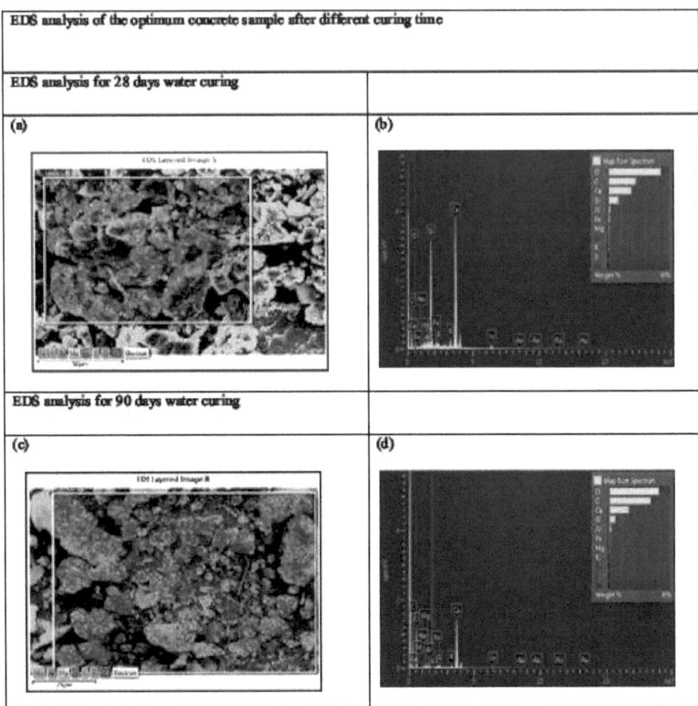
EDS analysis of the optimum concrete sample after different curing time
EDS analysis for 28 days water curing
(a)
(b)
EDS analysis for 90 days water curing
(c)
(d)

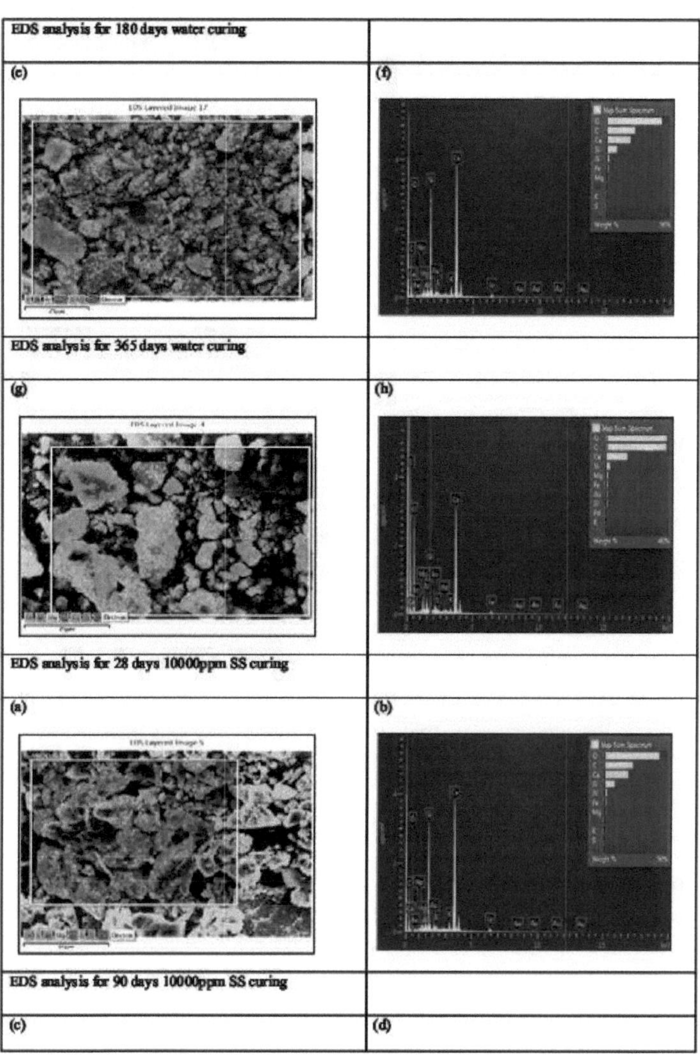
EDS analysis for 180 days water curing
(e)
(f)
EDS analysis for 365 days water curing
(g)
(h)
EDS analysis for 28 days 10000ppm SS curing
(a)
(b)
EDS analysis for 90 days 10000ppm SS curing
(c)
(d)

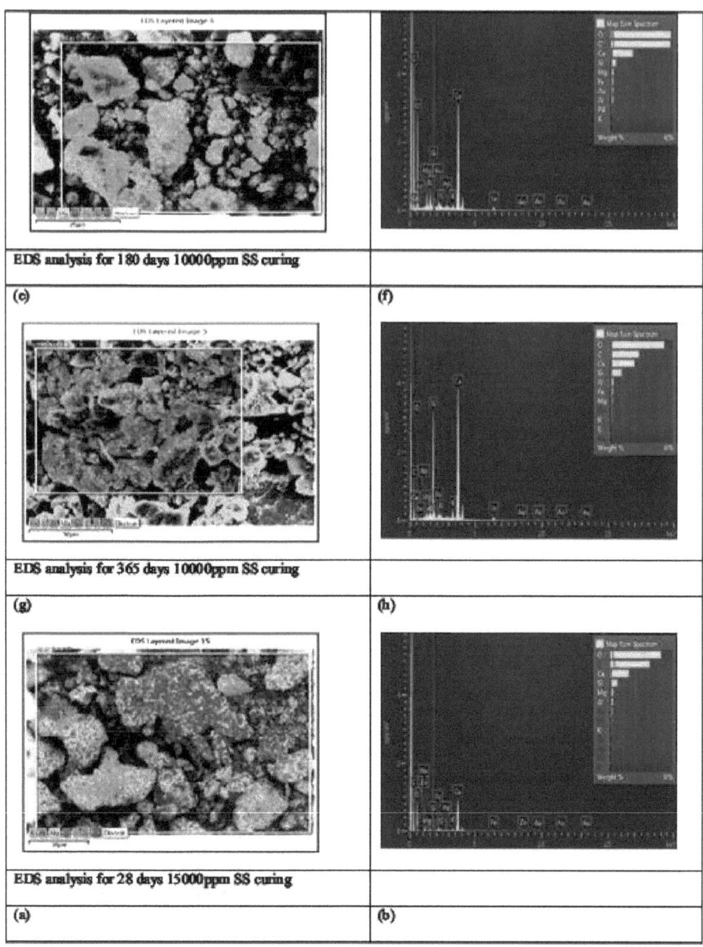

EDS analysis for 180 days 10000ppm SS curing

(e) (f)

EDS analysis for 365 days 10000ppm SS curing

(g) (h)

EDS analysis for 28 days 15000ppm SS curing

(a) (b)

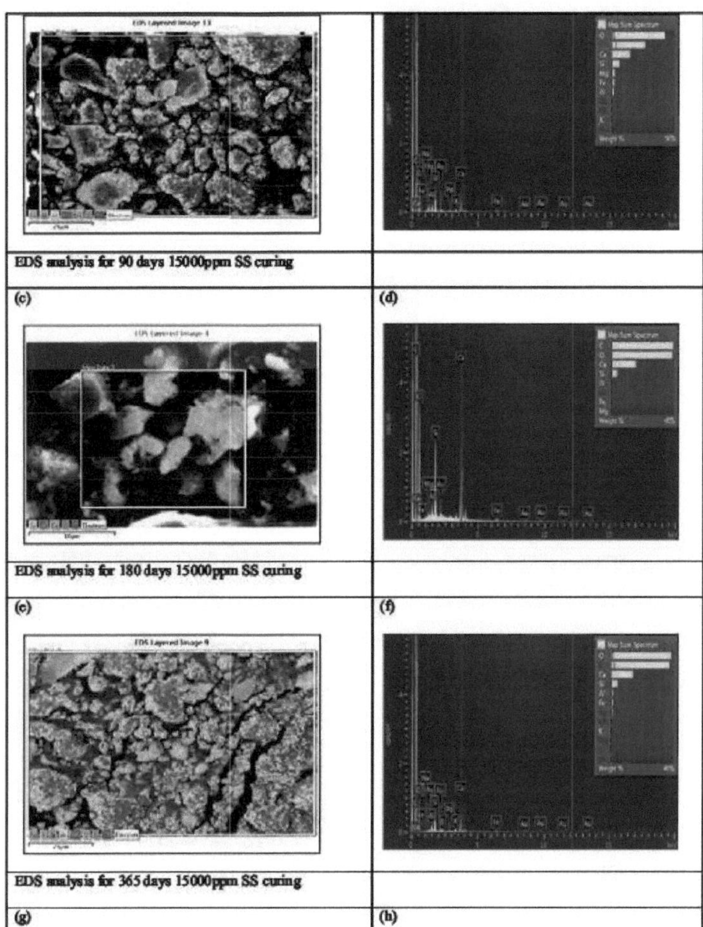

EDS analysis for 90 days 15000ppm SS curing

(c) (d)

EDS analysis for 180 days 15000ppm SS curing

(e) (f)

EDS analysis for 365 days 15000ppm SS curing

(g) (h)

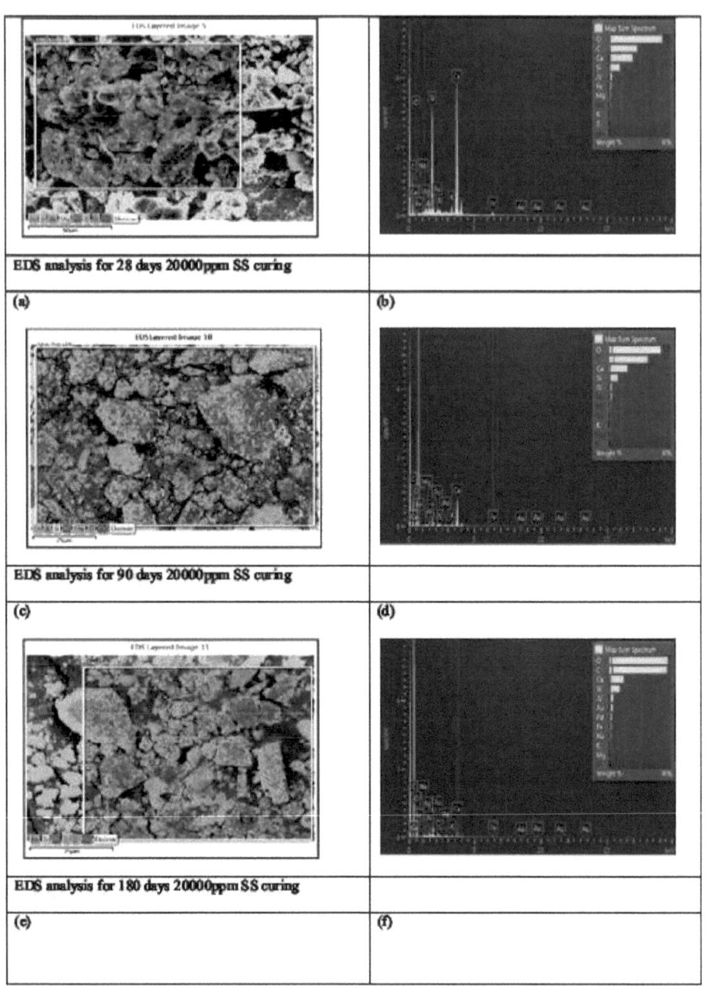

EDS analysis for 28 days 20000ppm SS curing

(a) (b)

EDS analysis for 90 days 20000ppm SS curing

(c) (d)

EDS analysis for 180 days 20000ppm SS curing

(e) (f)

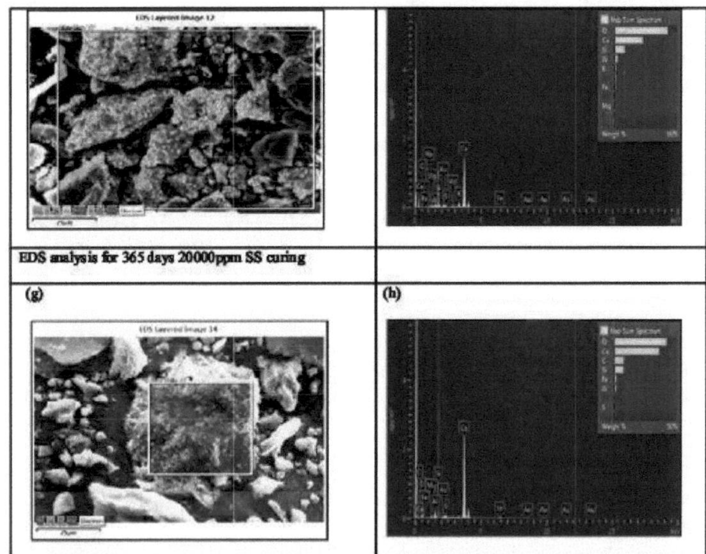

6.5.2 Mapas elementares

Os mapas elementares da amostra de mistura de betão (10BA40SD) foram preparados pela técnica EDS. Utilizando os mapas elementares, a distribuição espacial dos produtos da reação pode ser rapidamente determinada. Determina as fases presentes utilizando mapas de diferentes elementos na mesma área. Foram obtidos mapas elementares para o cálcio, o silício, o oxigénio e o alumínio. Estes resultados são apresentados nas Fig.B6.1 a B6.4 no Apêndice - B respetivamente após 28 dias, 90 dias, 180 dias, 365 dias de cura com água e soluções de SS. A cor mais brilhante mostra uma maior concentração de elementos específicos para cada mapa.

6.6 Observações finais

Com base nos resultados discutidos neste capítulo, podem ser tiradas as seguintes conclusões. A resistência à compressão foi mais elevada (45,01 N/mm^2) na amostra de betão (10BA40SD) curada em água e 39,59 N/mm^2, 40 N/mm^2, e 40,39 N/mm^2 quando curada em soluções de sulfato de sódio de concentrações 10000 ppm,15000 ppm e 20000 ppm respetivamente. Por conseguinte, a CS é ligeiramente mais elevada quando os cubos foram curados em água do que quando foram curados em soluções de SS. Em diferentes soluções de sulfato de sódio, a resistência mais elevada (40,39 N/mm^2) foi alcançada quando a amostra foi curada numa solução de sulfato de sódio de 20000 ppm. A CS e a TS óptimas foram alcançadas na mistura de betão quando o cimento foi substituído por 10% de SGBA e os agregados finos foram substituídos por 40% de SD. As misturas de betão contendo 10% de cinzas de bagaço de cana em vez de cimento e 10, 20, 30, 40 e 50% de SD em vez de areia resultaram numa diminuição da trabalhabilidade do betão. O CsL foi encontrado no mínimo 1,25%, 6,94%, 10,25% após 90 dias, 180 dias e 365 dias, respetivamente, para a amostra 10BA40SD quando os cubos foram curados em água e em solução de 20000 ppm SS. Por conseguinte, verificou-se que a amostra (10BA40SD) é melhor tanto do ponto de vista da resistência como da durabilidade. Concluiu-se também que a taxa de perda de resistência foi mínima para esta amostra de betão, o que confirma que a resistência à SA é melhorada na amostra 10BA40SD. A partir dos resultados da análise SEM, concluiu-se que a superfície da amostra de mistura de betão (10BA40SD) curada em água apresenta gel C-S-H e Ca $(OH)_2$, mas quando curada em 20000 ppm SS, apresenta formas de estrutura em forma de agulha que conformam a formação de ETTG na amostra. A análise EDS mostra que a composição elementar das partículas da amostra OCM (10BA40SD) contém principalmente O, Si, Ca e Al, etc.

CAPÍTULO - VII

PREVISÃO DE RESISTÊNCIA E MODELAÇÃO ESTATÍSTICA DE BETÃO COM CINZAS DE BAGAÇO E PÓ DE PEDRA

7.0 Generalidades

Este capítulo tem como objetivo desenvolver e validar os modelos matemáticos para a previsão da resistência à compressão do betão através da análise de regressão. Neste capítulo, foram construídos modelos estatísticos para prever a resistência à compressão de diferentes misturas de betão nas idades de 7, 28, 90, 180 dias e 365 dias. O objetivo deste capítulo foi investigar uma função matemática adequada para descrever a resistência à compressão do betão com a passagem do tempo. A fim de obter uma visão melhor e mais detalhada dos aspectos acima referidos, o presente capítulo é desenvolvido e apresentado nas secções seguintes. Esta investigação aborda o efeito da mistura de matrizes do betão na resistência à compressão, sendo que esta informação ajudará a indústria cimenteira a produzir o betão com a resistência necessária.

Os modelos de regressão são desenvolvidos com base no ajuste formulado dos resultados experimentais para diferentes amostras de mistura de betão. Os resultados experimentais, tal como discutidos anteriormente, indicaram que o desenvolvimento da resistência à compressão dependia dos métodos e da idade de cura. Os modelos desenvolvidos, especialmente a função de potência, o ajuste não linear quadrático e cúbico dos resultados experimentais, a fim de obter os melhores valores de R^2 na resistência à compressão em função da idade do betão, foram experimentados e apresentados neste capítulo. Os resultados previstos foram comparados com os resultados experimentais e apresentados nas secções seguintes.

7.1 Introdução

Os materiais pozolânicos têm sido utilizados como materiais cimentícios suplementares (SCMs) na indústria do betão para melhorar as caraterísticas dos compósitos de cimento (Bahadori e Hosseini 2012). Madani e Kooshafar (2017) documentaram que a nanosílica poderia reduzir o teor de hidróxido de cálcio (Ca (OH) 2) e também produzir gel de cálcio-silicato-hidratado (C-S-H) devido à sua maior reatividade pozolânica, especialmente nas primeiras idades. Muito poucos estudos investigaram o efeito da mistura da matriz do betão e o seu efeito na resistência à compressão do betão.

A maioria dos investigadores apresenta resultados experimentais para as diferentes misturas de matrizes sem fornecer procedimentos analíticos para determinar o efeito dos diferentes parâmetros nos seus estudos. São apresentados muitos resultados experimentais de vários investigadores sobre diferentes misturas de betão e o efeito da temperatura na resistência à compressão do betão após 7 e 28 dias [Ortiz *et al.* (1970)]. Colak *et al.* (2006) forneceram equações de regressão para calcular a resistência à compressão do betão de cimento Portland e validaram-nas a partir dos seus dados experimentais. Bhanja et al. (2002) desenvolveram um modelo matemático utilizando métodos estatísticos para prever a resistência à compressão aos 28 dias do betão de sílica de fumo com uma relação água/material cimentício (w/cm) de 0,3 a 0,42 e sílica de fumo (SF) de 5 a 30%. A equação cúbica desenvolvida era simples e continha apenas um parâmetro de (SF). A técnica de regressão (TR) é uma ferramenta estatística simples para a determinação de relações entre variáveis dependentes e independentes.

A técnica de regressão também permite que factores adicionais entrem na análise separadamente. É uma ferramenta valiosa para quantificar o impacto de várias influências simultâneas sobre uma única variável dependente. A análise de regressão é um procedimento para relacionar variáveis de entrada conhecidas e parâmetros de saída utilizando princípios estatísticos. A técnica geral de regressão consiste em assumir uma forma de relação entre os parâmetros de entrada e os resultados, com um número de coeficientes desconhecidos. Os coeficientes desconhecidos são encontrados através do ajustamento dos dados disponíveis a partir de experiências ou de outras fontes, utilizando o princípio dos erros mínimos quadrados de Legendre. O princípio dos erros mínimos quadráticos de Legendre é uma técnica de ajuste de curvas de uso geral que ajuda a escolher os valores dos coeficientes desconhecidos, também designados por coeficientes de regressão, de modo a que os resultados previstos coincidam o mais possível com os resultados pretendidos. Neste capítulo, tenta-se o ajuste da função de potência, da curva quadrática e da curva cúbica dos resultados experimentais para diferentes amostras de misturas de betão, a fim de prever a resistência à compressão de diferentes misturas de betão em função da idade do betão, o que é discutido nas secções seguintes

7.2 Modelos de regressão para a resistência à compressão sob diferentes métodos de cura

No presente trabalho, a técnica de regressão (RT) estabeleceu relações entre a resistência à compressão (fc) e as idades de cura em dias (t) para várias amostras de betão. As equações obtidas para as diferentes idades de cura são apresentadas no Quadro 7.1. A análise de regressão não linear é utilizada na investigação. A função de potência foi utilizada para desenvolver as equações do modelo aos 7 dias, 28 dias, 90 dias, 180 dias e 365 dias de cura para diferentes misturas de betão (OBAOSD, 10BA10SD, 10BA20SD, 10BA30SD, 10BA40SD, 10BA50SD). As equações de função de potência com melhor ajuste são apresentadas na Tabela 7.1 com os valores do coeficiente de determinação (R^2) variando entre 0,931 e 0,973. Estas equações afirmam ainda que existe uma correlação melhor e mais forte entre a resistência à compressão e as idades de cura, uma vez que os coeficientes de correlação de Spearman foram encontrados acima de 0,95 (o que é próximo de 1) para todas as equações do modelo apresentadas na Tabela 7.1.

Sendo os valores de R^2 próximos da unidade, pode sugerir-se que estas equações modelo podem ser utilizadas para prever a resistência à compressão destas misturas de betão em diferentes idades de cura das amostras de betão em condições de ensaio semelhantes. No entanto, a taxa de desenvolvimento da resistência, indicada pelos gradientes das equações (df_c /dt), parece variar ligeiramente com a idade de cura.

Tabela 7.1 Equações de regressão para as várias misturas de betão aos 7, 28, 90, 180 e 365 dias

Amostras de misturas de betão	Equações	Equações do modelo (n.º)	R^2 valores
0BA0SD	$f_c = 23,69t^{ulul}$	(7.1)	0.972
10BA10SD	$f_c = 21,25t^{\circ\ 112}$	(7.2)	0.931
10BA20SD	$f_c = 21,52t^{\circ 114}$	(7.3)	0.936
10BA30SD	$f_c = 23,17t^{\circ 104}$	(7.4)	0.963
10BA40SD	$f_c = 25,92t^{uuss}$	(7.5)	0.973
10BA50SD	$f_c = 23,86t\ -^{uU9S}$	(7.6)	0.935

7.3 Comparação entre os valores previstos e os valores experimentais da resistência à compressão, a fim de obter a melhor curva de ajuste com valores R^2

Os modelos matemáticos propostos (função de potência) podem ser utilizados para prever a resistência à compressão do betão na idade de cura específica. Os dados apresentados confirmam a fiabilidade do método proposto para a estimativa da resistência à compressão das misturas de betão com a idade. A validação da equação do modelo desenvolvido para as resistências à compressão aos 7, 28, 90, 180 e 365 dias foi efectuada utilizando os resultados experimentais do presente trabalho.

Os resultados da validação da resistência à compressão para seis modelos de betão aos 7, 28, 90, 180 e 365 dias de cura são apresentados no Quadro 7.2, onde os resultados experimentais da resistência à compressão com diferentes idades de cura são comparados com os valores previstos/calculados da resistência à compressão para cada uma das seis amostras de mistura de betão, utilizando as equações dos modelos correspondentes, de acordo com o Quadro 7.1.

A Tabela 7.2 também mostra o erro percentual entre as resistências à compressão experimentais e previstas. O erro percentual máximo na previsão para cada uma das seis amostras listadas na Tabela 7.2, conforme indicado a negrito, indica que o erro máximo na previsão varia entre 4% e 7%, o que é muito aceitável nos casos em que os resultados experimentais são controlados manualmente.

Tabela 7.2 Resistência à compressão experimental e resistência à compressão prevista de diferentes misturas de betão em diferentes tempos de cura utilizando a análise de regressão

Misturas	Dias	Resistência à compressão experimental	Resistência à compressão prevista	% de erro
OBAOSD (Modelo 1)	7	28.29	28.83	1.90
	28	34.64	33.16	**4.27**
	90	36.43	37.32	2.44
	180	40.11	40.11	.22
	365	43.01	42.98	.07
10BA10SD (Modelo 2)	7	25.90	26.42	2.00
	28	33.01	30.86	**6.51**
	90	34.05	35.17	3.28
	180	36.18	38.01	5.06
	365	39.44	41.14	4.31
10BA20SD (Modelo 3)	7	26.01	26.86	3.26
	28	33.86	31.46	**7.08**
	90	35.12	35.94	2.33
	180	37.55	38.89	3.56
	365	40.17	42.16	4.95
10BA30SD (Modelo 4)	7	27.88	28.36	1.72
	28	34.18	32.76	**4.15**
	90	36.01	36.99	2.72
	180	39.65	39.76	.28
	365	42.25	42.79	1.27

10BA40SD (Modelo 5)	7	29.98	30.76	2.60
	28	36.34	34.75	**4.37**
	90	38.33	38.51	0.46
	180	41.22	40.93	0.70
	365	45.01	43.56	3.22
10BA50SD (Modelo 6)	7	28.01	28.87	3.07
	28	35.44	33.07	**6.68**
	90	36.27	37.08	2.23
	180	39.07	39.69	1.58
	365	41.95	42.53	1.38

A diferença entre os valores experimentais e previstos de CS deve ser inferior ou igual ao erro padrão calculado para cada modelo. Os resultados apresentados no Quadro 7.2 mostram que o modelo

A variabilidade explicada pelos modelos 1, 2, 3, 4 ,5 e 6 é experimentalmente fiável e preditiva, uma vez que as diferenças calculadas entre a resistência à compressão calculada a partir das equações do modelo estabelecido e as medidas experimentalmente são sempre inferiores ao erro relativo ao modelo estabelecido.

7.3.1Coeficiente de determinação R^2 (r-quadrado)

Neste estudo, R^2 é definido como a proporção da variação total em y "explicada" pela regressão de y em x. O coeficiente de determinação varia entre 0 (quando o modelo de regressão estimado não explica nenhuma das variações em y) e 1 (quando todos os pontos se encontram na linha de regressão). Também pode ser interpretado como a fração de incerteza explicada pelo modelo ajustado. Normalmente, o R^2 é uma medida de valor amplamente utilizada para o bom ajuste; no entanto, por vezes, não tem o seu significado habitual para curvas não lineares. As equações para várias medidas estatísticas de bom ajuste, tais como R^2 , SSE, SST e média, são apresentadas na Fig.7.1. Estas medidas de bom ajuste são avaliadas para testar o modelo de melhor ajuste no presente trabalho.

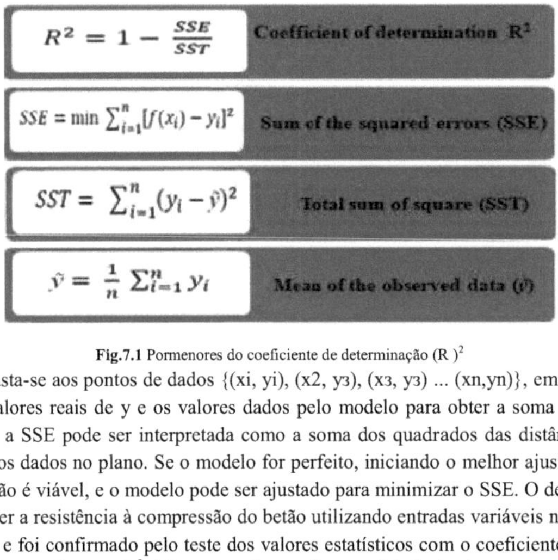

$$R^2 = 1 - \frac{SSE}{SST}$$ Coefficient of determination R^2

$$SSE = \min \sum_{i=1}^{n} [f(x_i) - y_i]^2$$ Sum of the squared errors (SSE)

$$SST = \sum_{i=1}^{n} (y_i - \bar{y})^2$$ Total sum of square (SST)

$$\bar{y} = \frac{1}{n} \sum_{i=1}^{n} y_i$$ Mean of the observed data ($\bar{y}$)

Fig.7.1 Pormenores do coeficiente de determinação (R)^2

O modelo y = /(x) ajusta-se aos pontos de dados {(xi, yi), (x2, y3), (x3, y3) ... (xn,yn)}, em que os quadrados das diferenças entre os valores reais de y e os valores dados pelo modelo para obter a soma dos erros quadráticos (SSE). Graficamente, a SSE pode ser interpretada como a soma dos quadrados das distâncias verticais entre o gráfico de *f* e os pontos dados no plano. Se o modelo for perfeito, iniciando o melhor ajuste, então SSE = 0. No entanto, a perfeição não é viável, e o modelo pode ser ajustado para minimizar o SSE. O desempenho do modelo matemático para prever a resistência à compressão do betão utilizando entradas variáveis na matriz de betão teve um bom desempenho e foi confirmado pelo teste dos valores estatísticos com o coeficiente de determinação (R^2). O modelo matemático resultou em R^2 del, mostrando a melhor qualidade de ajuste.

7.4Curva de melhor ajuste para a amostra de mistura de betão (0BA0SD) em diferentes condições de cura

7.4.1 Curva de ajuste de potência para a amostra 0BA0SD

Utilizando a função de potência ou a equação do modelo da Tabela 7.1 para a amostra 0BA0SD, a resistência à compressão 'f_c ' foi calculada em diferentes idades de cura (7, 28, 90,180 e 365 dias). Os resultados experimentais correspondentes são comparados na Fig.7.2 (a), como se mostra de seguida. Esta figura revela que o erro de previsão se situa apenas dentro de ±4%, o que é um erro aceitável neste tipo de medições manuais. Por conseguinte, a equação do modelo sob a forma de função de potência pode ser bem utilizada para prever a resistência à compressão 'f_c 'em diferentes idades de cura para a amostra 0BA0SD.

7.4.2 Curvas de ajuste quadrático e cúbico para a amostra 0BA0SD

As Figs. 7.2 (b) e 7.2 (c) mostram o ajuste de curvas polinomiais quadráticas e cúbicas utilizando os valores experimentais da resistência à compressão com idades de cura da amostra de mistura de betão 0BA0SD. Os valores de R^2 para o ajuste da curva quadrática são iguais a 0,976 e para o ajuste da curva cúbica são 0,983, como se mostra na Tabela 7.3. O coeficiente de correlação, R, foi encontrado próximo da unidade (0,988) para todos os valores de saída preditivos da resistência à compressão. Os valores ajustados de R^2 também são quase iguais para as curvas de ajuste quadrático e cúbico, como se mostra nas Figs. 7.2 (b) e 7.2 (c).

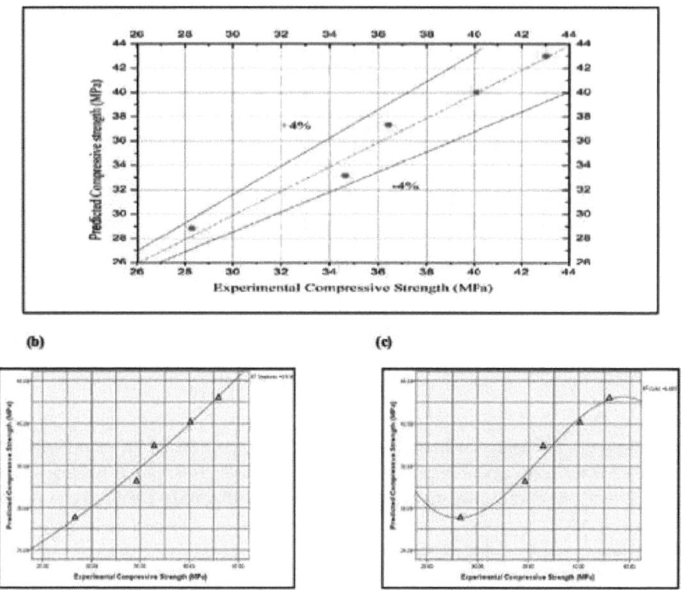

Fig.7.2 Comparação dos resultados experimentais com os resultados previstos para a amostra de mistura de betão (OBAOSD) (a) % de erro (b) Curva de ajuste quadrático (c) Curva de ajuste cúbico

O modelo proposto mostra a sua capacidade de generalização entre as variáveis de entrada e de saída com previsões razoavelmente boas. As equações das curvas de ajuste quadrático e cúbico para a amostra OBAOSD são apresentadas a seguir:

Y=12.72+0.29*x+9.83E3*x*x..(7.7)

Y=2.98E224.33*x++0.71*x*x6.52E3*x*x*x..(7.8)

Utilizando o software estatístico IBM SPSS 23, foram determinados os pormenores do resumo do modelo, da ANOVA e dos diferentes coeficientes para a amostra OBAOSD nas curvas de ajuste quadrático e cúbico, que são apresentados nas Tabelas 7.3, 7.4, 7.5 e 7.6. Os resultados apresentados nestas tabelas mostram que os modelos de ajuste quadrático e cúbico (Equações (7.7) e (7.8)) podem ser utilizados eficazmente para prever a resistência à compressão da amostra de betão OBAOSD em diferentes idades de cura.

Quadro 7.3 Resumo do modelo para a amostra de betão OBAOSD

Equações	R	R Quadrado	Quadrado R ajustado	Erro Std. da Estimativa
Curva de ajuste quadrático	0.988	0.976	0.953	1.218
Curva de ajuste cúbico	0.988	0.983	0.953	1.213

Quadro 7.4 ANOVA para a amostra de betão OBAOSD

	Soma de quadrados	df	Quadrado médio	F	Sig.
Curva de ajuste quadrático					
Regressão	122.713	2	61.356	41.390	0.024
Residual	2.965	2	1.482		
Total	125.677	4			
Curva de ajuste cúbico					

Regressão	122.735	2	61.367	41.712	0.023
Residual	2.942	2	1.471		
Total	125.667	4			

Tabela 7.5 Coeficientes da curva de ajuste quadrático para a amostra de betão OBAOSD

	Coeficientes não padronizados		Coeficientes padronizados	t	Sig.
	B	Erro Std.	Beta		
Compressão experimental Resistência (MPa) ** 2	.019	.023	1.344	.813	.502
Compressão experimental Resistência (MPa) ** 3	-9.188E-5	.000	-.357	-.216	.849
(Constante)	15.664	9.734		1.609	.249

Tabela 7.6 Coeficientes da curva de ajuste cúbico para a amostra de betão OBAOSD

	Coeficientes não padronizados		Coeficientes padronizados	t	Sig.
	B	Erro Std.	Beta		
Resistência à compressão experimental (MPa) ** 2	0.285	1.615	0.286	0.177	0.876
Resistência à compressão experimental (MPa) ** 3	0.010	0.023	0.702	0.434	0.707
(Constante)	12.721	28.339		0.449	0.697

A partir da análise dos resultados, pode inferir-se que os três modelos, nomeadamente, a função potência, a função quadrática e a função cúbica, como mostram as equações (7.1), (7.7) e (7.8), podem ser utilizados para prever a resistência à compressão da amostra OBAOSD em diferentes idades de cura da amostra de betão.

7.5 Curva de melhor ajuste para a amostra de mistura de betão (10BA10SD) em diferentes condições de cura

7.5.1 *Curva da função de potência para a amostra 10BA10SD*

Utilizando a função de potência ou a equação do modelo da Tabela 7.1 para a amostra 10BA10SD, a resistência à compressão 'f_c ' foi calculada em diferentes idades de cura (7, 28, 90,180 e 365 dias). Os resultados experimentais correspondentes são comparados na Fig. 7.3 (a), como se mostra de seguida. Esta figura revela que o erro de previsão se situa apenas entre ±7%, o que é um erro aceitável neste tipo de medições manuais. Por conseguinte, a equação do modelo sob a forma de função de potência pode ser bem utilizada para prever a resistência à compressão 'f_c ' em diferentes idades de cura para a amostra 10BA10SD.

7.5.2 *Curvas de ajuste quadrático e cúbico para a amostra 10BA1 OSD*

As Figs. 7.3 (b) e 7.3 (c) mostram o ajuste de curvas polinomiais quadráticas e cúbicas utilizando os valores experimentais da resistência à compressão com idades de cura da amostra de mistura de betão 10BA10SD. Os valores de R^2 para o ajuste da curva quadrática são iguais a 0,950 e para o ajuste da curva cúbica são 0,984, como se mostra na Tabela 7.7. O coeficiente de correlação, R, foi encontrado próximo da unidade (0,974) para todos os valores de saída preditivos da resistência à compressão. Os valores ajustados de R^2 também são quase iguais para as curvas de ajuste quadrático e cúbico, como se mostra nas Figs. 7.3 (b) e 7.3 (c).

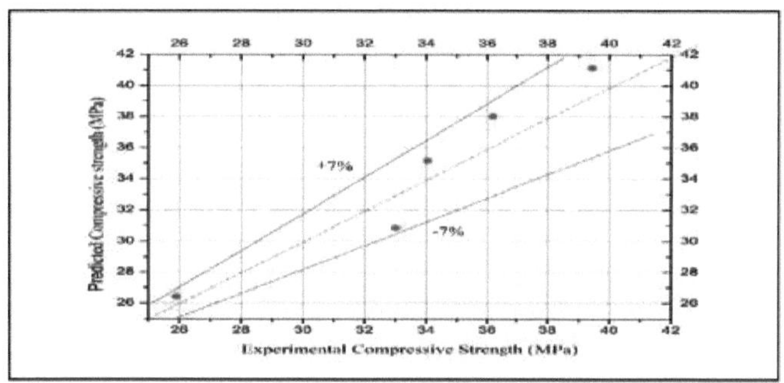

(b)

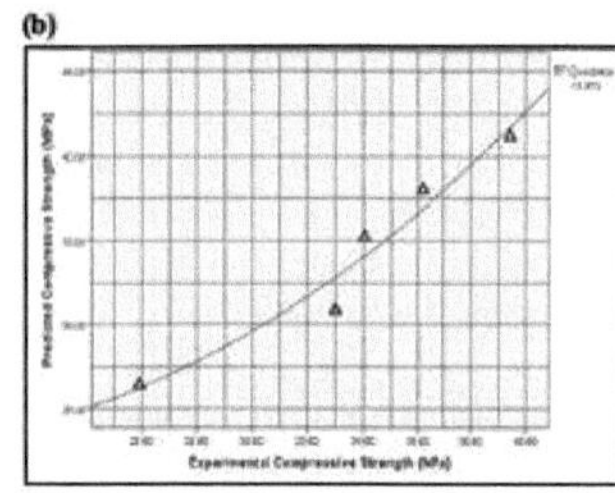

(c)

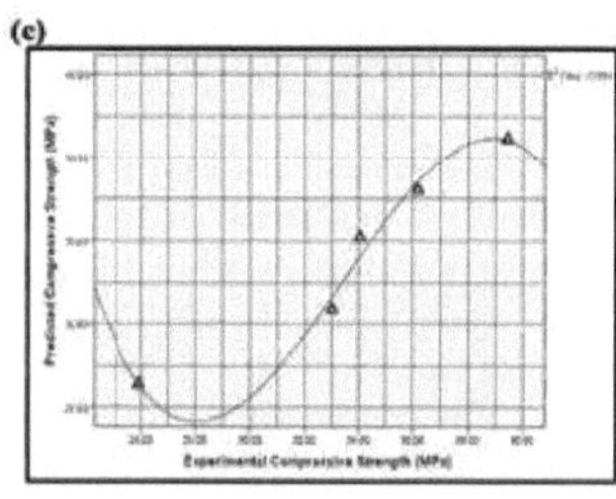

Fig.7.3 Comparação dos resultados experimentais com os resultados previstos para a amostra de mistura de betão (10BA10SD) (a) % de erro b) Curva de ajuste quadrático c) Curva de ajuste cúbico

As equações das curvas de ajuste quadrático e cúbico para a amostra de betão 10BA10SD são apresentadas abaixo:

Y=31.221.07*x+0.03*x*x.. (7.9)

Y=2.78E224.31*x++0.71*x*x6.52E3*x*x*x..(7.10)

Os pormenores do resumo do modelo, ANOVA e coeficiente diferente para a amostra 10BA10SD nas curvas de ajuste quadrático e cúbico foram determinados utilizando o software IBM SPSS statistics 23 e são apresentados nas Tabelas 7.7, 7.8, 7.9 e 7.10. Os resultados apresentados nestas tabelas mostram que os modelos de ajuste quadrático e cúbico (Equações (7.9) e (7.10)) podem ser utilizados eficazmente para prever a resistência à compressão da amostra de betão 10BA10SD em diferentes idades de cura.

Tabela 7.7 Resumo do modelo para a amostra de betão 10BA10SD

Equações	R	R Quadrado	Quadrado R ajustado	Erro Std. da Estimativa
Curva de ajuste quadrático	.974	.950	.899	1.852
Ajuste cúbico curva	.974	.984	.899	1.852

Tabela 7.8 ANOVA para a amostra de betão 10BA10SD

	Soma de quadrados	df	Quadrado médio	F	Sig.
Curva de ajuste quadrático					
Regressão	128.375	2	64.187	18.719	.051
Residual	6.858	2	3.429		
Total	135.233	4			
Curva de ajuste cúbico					
Regressão	128.375	2	64.187	18.719	.051
Residual	6.858	2	3.429		
Total	135.233	4			

Tabela 7.9 Coeficientes da curva de ajuste quadrático para a amostra de betão 10BA10SD

	Coeficientes não padronizados		Coeficientes padronizados	t	Sig.
	B	Erro Std.	Beta		
Compressão experimental Resistência (MPa) ** 2	.003	.040	.155	.068	.952
Compressão experimental Resistência (MPa) ** 3	.000	.001	.820	.362	.752

(Constante)	19.191	14.187		1.353	.309

Tabela 7.10 Coeficientes da curva de ajuste cúbico para a amostra de betão 10BA10SD

	Coeficientes não padronizados		Coeficientes padronizados	t	Sig.
	B	Erro Std.	Beta		
Compressão experimental Resistência (MPa) ** 2	.003	.040	.155	.068	.952
Compressão experimental Resistência (MPa) ** 3	.000	.001	.820	.362	.752
(Constante)	19.191	14.187		1.353	.309

A partir da análise dos resultados, pode inferir-se que os três modelos, nomeadamente, a função de potência, a função quadrática e a função cúbica, conforme indicado nas equações (7.2), (7.9) e (7.10), podem ser utilizados para prever a resistência à compressão da amostra 10BA10SD em diferentes idades de cura da amostra de betão.

7.6 Curva de melhor ajuste para a amostra de mistura de betão (10BA20SD) em diferentes condições de cura

7.6.1 Curva da função de potência para a amostra 10BA20SD

Utilizando a função de potência ou a equação do modelo da Tabela 7.1 para a amostra 10BA20SD, a resistência à compressão 'f_c ' foi calculada em diferentes idades de cura (7, 28, 90,180 e 365 dias). Os resultados experimentais correspondentes são comparados na Fig. 7.4 (a), como se mostra de seguida. Esta figura revela que o erro na previsão se situa apenas dentro de ±7%, o que é um erro aceitável em tais medições manuais. Por conseguinte, a equação do modelo sob a forma de função de potência pode ser bem utilizada para prever a resistência à compressão 'f_c ' em diferentes idades de cura para a amostra 10BA20SD.

7.6.2 Curvas de ajuste quadrático e cúbico para a amostra 10BA20SD

As Figs. 7.4 (b) e 7.4 (c) mostram o ajuste de curvas polinomiais quadráticas e cúbicas utilizando os valores experimentais da resistência à compressão com idades de cura da amostra de mistura de betão 10BA20SD. Os valores de R^2 para o ajuste da curva quadrática são iguais a 0,966 e para o ajuste da curva cúbica são 0,986, como se mostra na Tabela 7.11. O coeficiente de correlação, R, foi encontrado próximo da unidade (0,983) para todos os valores de saída preditivos da resistência à compressão. Os valores ajustados de R^2 também são quase iguais para as curvas de ajuste quadrático e cúbico, como se mostra nas Figs. 7.4 (b) e 7.4 (c). **(a)**

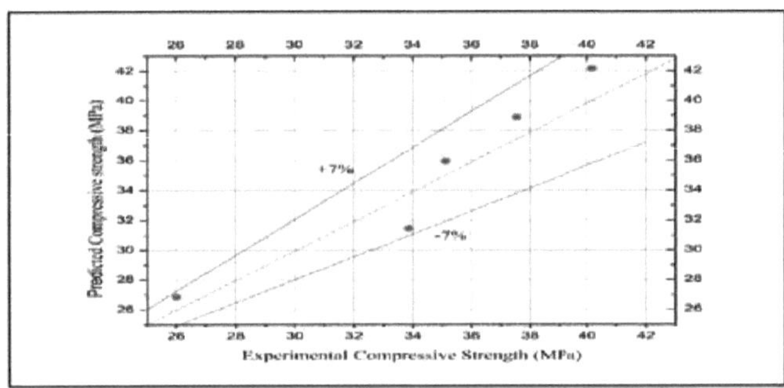

(b) **(c)**

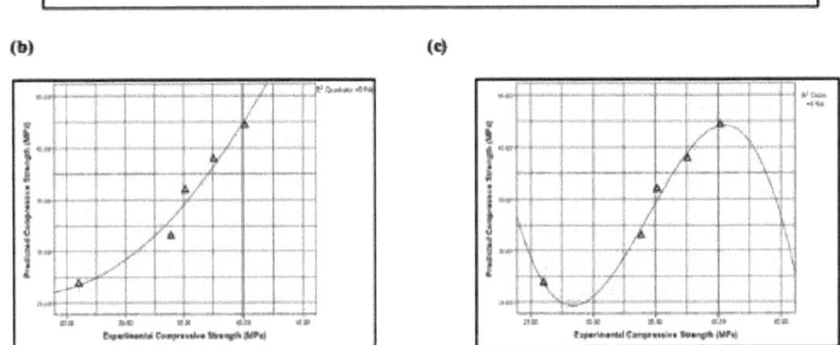

Fig.7.4 Comparação dos resultados experimentais com os resultados previstos para a amostra de mistura de betão (10BA20SD) (a) % de erro (b) Curva de ajuste quadrático (b) Curva de ajuste cúbico

As equações para as curvas de ajuste quadrático e cúbico para a amostra 10BA20SD são apresentadas a seguir:

Y= 49.93-2.2*x+0.05*x*x...(7.11)

Y=2.76E224.33*x++0.72*x*x6.58E3*x*x*x...(7.12)

Os detalhes do resumo do modelo, ANOVA e coeficiente diferente para a amostra 10BA20SD nas curvas de ajuste quadrático e cúbico são apresentados nas Tabelas 7.11, 7.12, 7.13 e 7.14. Os resultados apresentados nestas tabelas mostram que os modelos de ajuste quadrático e cúbico (Equações (7.11) e (7.12)) podem ser utilizados eficazmente para prever a resistência à compressão da amostra de mistura de betão 10BA20SD em diferentes idades de cura.

Tabela 7.11 Resumo do modelo para a amostra de betão 10BA20SD

Equações	R	R Quadrado	Quadrado R ajustado	Erro Std. da Estimativa
Curva de ajuste quadrático	.983	.966	.932	1.577
Ajuste cúbico curva	.982	.986	.930	1.601

Tabela 7.12 ANOVA para a amostra de betão 10BA20SD

	Soma de quadrados	df	Quadrado médio	F	Sig.
Curva de ajuste quadrático					
Regressão	141.081	2	70.541	28.374	.034
Residual	4.972	2	2.486		
Total	146.053	4			
Curva de ajuste cúbico					
Regressão	140.929	2	70.464	27.501	.035
Residual	5.125	2	2.562		
Total	146.053	4			

Tabela 7.13 Coeficientes da curva de ajuste quadrático para a amostra de betão 10BA20SD

	Coeficientes não padronizados		Coeficientes padronizados	t	Sig.
	B	Erro Std.	Beta		
Compressão experimental Resistência (MPa) ** 2	-2.198	2.176	-1.945	-1.010	.419
Compressão experimental Resistência (MPa) ** 3	.050	.033	2.914	1.514	.269
(Constante)	49.928	35.035		1.425	.290

Tabela 7.14 Coeficientes da curva de ajuste cúbico para a amostra de betão 10BA20SD

	Coeficientes não padronizados		Coeficientes padronizados	t	Sig.
	B	Erro Std.	Beta		
Compressão experimental Resistência (MPa) ** 2	-.514	1.100	-.455	-.468	.686
Compressão experimental Resistência (MPa) ** 3	.000	.000	1.431	1.471	.279
(Constante)	31.433	23.672		1.328	.315

A partir da análise dos resultados, pode inferir-se que os três modelos, nomeadamente, a função de potência, a função quadrática e a função cúbica, conforme indicado nas equações (7.3), (7.11) e (7.12), podem ser utilizados para prever a resistência à compressão da amostra 10BA20SD em diferentes idades de cura da amostra de betão.

7.7 Curva de melhor ajuste para a amostra de mistura de betão (10BA30SD) em diferentes condições de cura

7.7.1 Curva da função de potência para a amostra 10BA30SD

Utilizando a função de potência ou a equação do modelo da Tabela 7.1 para a amostra 10BA30SD, a resistência à compressão 'f_c ' foi calculada em diferentes idades de cura (7, 28, 90,180 e 365 dias). Os resultados experimentais correspondentes são comparados na Fig. 7.5 (a), como se mostra de seguida. Esta figura revela que o erro na previsão se situa apenas dentro de ±4%; o que é um erro aceitável em tais medições manuais. Por conseguinte, a equação do modelo sob a forma de função de potência pode ser bem utilizada para prever a resistência à compressão 'f_c ' em diferentes idades de cura para a amostra 10BA30SD.

7.7.2 Curvas de ajuste quadrático e cúbico para a amostra 10BA30SD

As Figs. 7.5 (b) e 7.5 (c) mostram o ajuste de curvas polinomiais quadráticas e cúbicas utilizando os valores experimentais da resistência à compressão com idades de cura da amostra de mistura de betão 10BA30SD. Os valores de R^2 para o ajuste da curva quadrática são iguais a 0,978 e para o ajuste da curva cúbica são 0,983, como se mostra na Tabela 7.15. O coeficiente de correlação, R, foi encontrado próximo da unidade (0,989) para todos os valores de saída preditivos da resistência à compressão. Os valores ajustados de R^2 também são quase iguais para as curvas de ajuste quadrático e cúbico, como se mostra nas Figs. 7.5 (b) e 7.5 (c). (a)

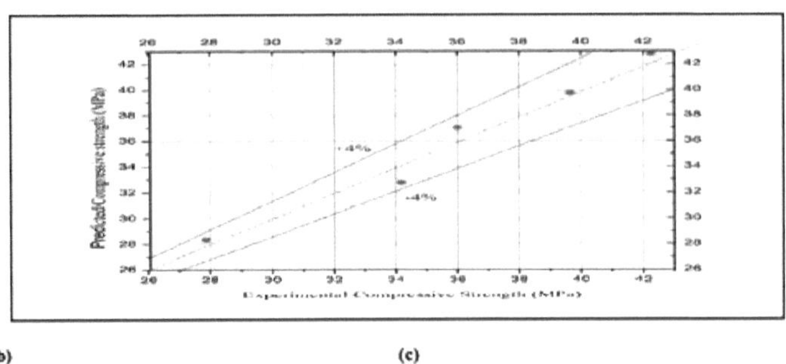

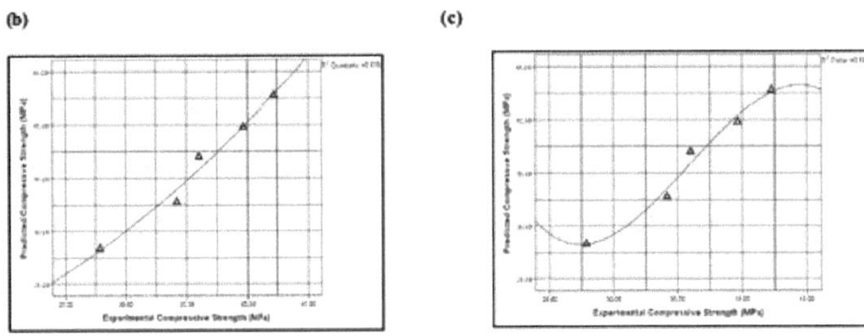

Fig.7.5 Comparação dos resultados experimentais com os resultados previstos para a amostra de mistura de betão (10BA30SD) (a) % de erro (b) Equações quadráticas (b) Equações cúbicas

As equações das curvas de ajuste quadrático e cúbico para esta amostra são apresentadas abaixo:

Y=16.83+3.1E3*x+0.01*x*x..(7.13)

Y=2.7E222.19*x++0.65*x*x6.07E3*x*x*x...(7.14)

Os pormenores do resumo do modelo, ANOVA e coeficiente diferente para a amostra 10BA30SD são apresentados nas Tabelas 7.15, 7.16, 7.17 e 7.18. Os resultados apresentados nestas tabelas mostram que os modelos de ajuste quadrático e cúbico (Equações (7.13) e (7.14)) podem ser utilizados eficazmente para prever a resistência à compressão da amostra de mistura de betão 10BA30SD em diferentes idades de cura.

Tabela 7.15 Resumo do modelo para a amostra de betão 10BA30SD

Curvas de ajuste	R	R Quadrado	Quadrado R ajustado	Erro Std. da Estimativa
Curva de ajuste quadrático	.989	.978	.957	1.187
Ajuste cúbico curva	.989	.983	.957	1.186

Tabela 7.16 ANOVA para a amostra de betão 10BA30SD

	Soma de quadrados	df	Quadrado médio	F	Sig.
Curva de ajuste quadrático					
Regressão	127.186	2	63.593	45.164	.022
Residual	2.816	2	1.408		
Total	130.002	4			
Curva de ajuste cúbico					
Regressão	127.187	2	63.594	45.192	.022
Residual	2.814	2	1.407		
Total	130.002	4			

Tabela 7.17 Coeficientes da curva de ajuste quadrático para a amostra de betão 10BA30SD

	Coeficientes não padronizados		Coeficientes padronizados	t	Sig.
	B	Erro Std.	Beta		
Resistência à compressão experimental (MPa) ** 2	.003	1.632	.003	.002	.999
Resistência à compressão experimental (MPa) ** 3	.015	.023	.986	.625	.596
(Constante)	16.829	28.172		.597	.611

Tabela 7.18 Coeficientes da curva de ajuste cúbico para a amostra de betão 10BA30SD

	Coeficientes não padronizados		Coeficientes padronizados	t	Sig.
	B	Erro Std.	Beta		

Resistência à compressão experimental (MPa) ** 2	.015	.024	1.045	.646	.584
Resistência à compressão experimental (MPa) ** 3	-1.531E-5	.000	-.056	-.034	.976
(Constante)	16.557	9.691		1.709	.230

A partir da análise dos resultados, pode inferir-se que os três modelos, nomeadamente, a função de potência, a função quadrática e a função cúbica, como mostram as equações (7.4), (7.13) e (7.14), podem ser utilizados para prever a resistência à compressão da amostra OBAOSD em diferentes idades de cura da amostra de betão.

7.8 Curva de melhor ajuste para a amostra de mistura de betão (10BA40SD) em diferentes condições de cura

7.8.1 Curva da função de potência para a amostra 10BA40SD

Utilizando a função de potência ou a equação do modelo da Tabela 7.1 para a amostra 10BA40SD, a resistência à compressão 'f_c ' foi calculada em diferentes idades de cura (7, 28, 90,180 e 365 dias). Os resultados experimentais correspondentes são comparados na Fig. 7.6 (a), como se mostra de seguida. Esta figura revela que o erro na previsão se situa apenas dentro de ±4%; o que é um erro aceitável em tais medições manuais. Por conseguinte, a equação do modelo sob a forma de função de potência pode ser bem utilizada para prever a resistência à compressão 'f_c ' em diferentes idades de cura para a amostra 10BA40SD.

7.8.2 Curvas de ajuste quadrático e cúbico para a amostral0BA40SD

As Figs. 7.6 (b) e 7.6 (c) mostram o ajuste de curvas polinomiais quadráticas e cúbicas utilizando os valores experimentais da resistência à compressão com idades de cura da amostra de mistura de betão 10BA40SD. Os valores de R^2 para o ajuste da curva quadrática são iguais a 0,975 e para o ajuste da curva cúbica são 0,992, como se mostra na Tabela 7.19. O coeficiente de correlação, R, foi encontrado próximo da unidade (0,987) para todos os valores de saída preditivos da resistência à compressão. Os valores ajustados de R^2 também são quase iguais para as curvas de ajuste quadrático e cúbico, como se mostra nas Figs. 7.6 (b) e 7.6 (c).

(a)

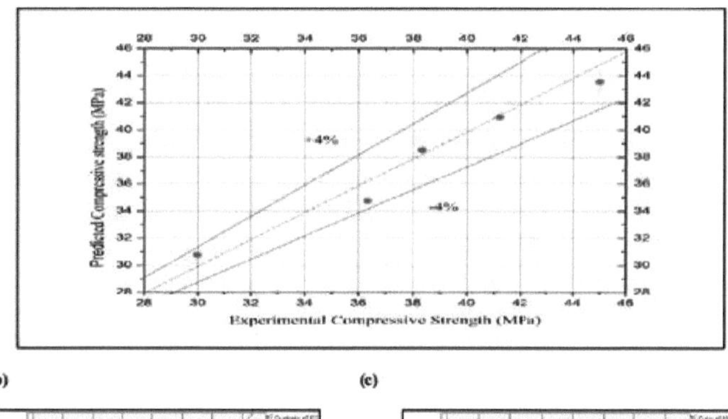

(b)

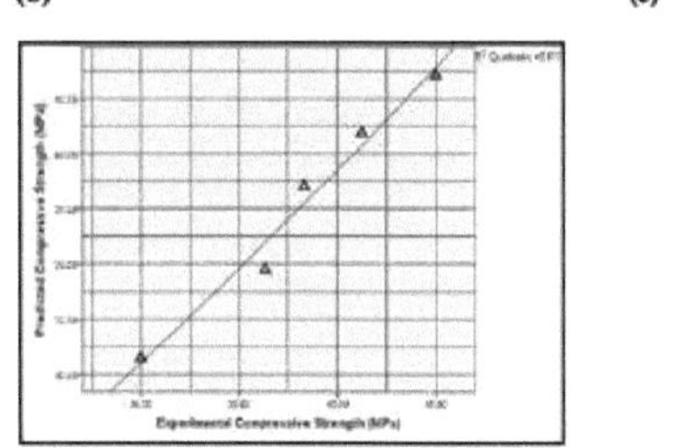

(c)

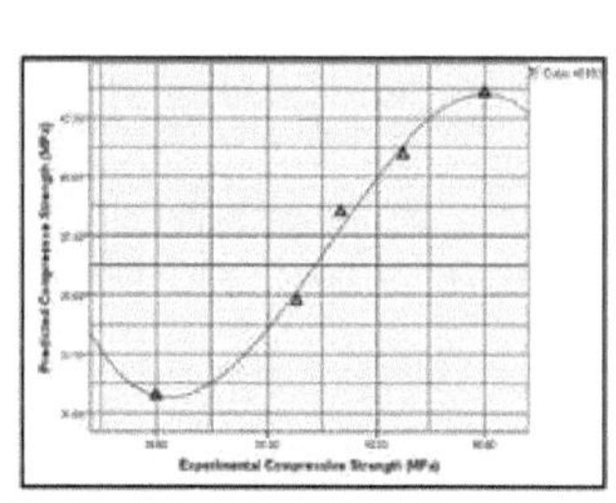

Fig.7.6 Comparação dos resultados experimentais com os resultados previstos para a amostra de mistura de betão (10BA40SD) (a) % de erro (b) Curva de ajuste quadrático (b) Curva de ajuste cúbico

As equações para as curvas de ajuste quadrático e cúbico para a amostra 10BA40SD são apresentadas a seguir:

Y=9.33+0.59*x+4.03E3*x*x..(7.15)

Y=4.47E235.23*x++0.97*x*x8.53E3*x*x*x..(7.16)

Os pormenores do resumo do modelo, ANOVA e coeficiente diferente para a amostra 10BA40SD são apresentados nas Tabelas 7.19, 7.20, 7.21 e 7.22. Os resultados apresentados nestas tabelas mostram que os modelos de ajuste quadrático e cúbico (Equações (7.15) e (7.16)) podem ser utilizados eficazmente para prever a resistência à compressão da amostra de mistura de betão 10BA40SD em diferentes idades de cura.

Tabela 7.19 Resumo do modelo para a amostra de betão 10BA40SD

curvas de ajuste	R	R Quadrado	Quadrado R ajustado	Erro Std. da Estimativa
Curva de ajuste quadrático	.987	.975	.950	1.135
Curva de ajuste cúbico	.987	.992	.950	1.135

Tabela 7.20 ANOVA para a amostra de betão 10BA40SD

	Soma de quadrados	df	Quadrado médio	F	Sig.
Curva de ajuste quadrático					
Regressão	99.717	2	49.859	38.687	.025
Residual	2.578	2	1.289		
Total	102.295	4			
Curva de ajuste cúbico					
Regressão	99.717	2	49.859	38.687	.025
Residual	2.578	2	1.289		
Total	102.295	4			

Tabela 7.21 Coeficientes da curva de ajuste quadrático para a amostra de betão 10BA40SD

	Coeficientes não padronizados		Coeficientes padronizados	t	Sig.
	B	Erro Std.	Beta		
Compressão experimental Resistência (MPa) ** 2	.587	1.493	.653	.393	.732
Compressão experimental Resistência (MPa) ** 3	.004	.020	.335	.202	.859
(Constante)	9.334	27.569		.339	.767

Tabela 7.22 Coeficientes da curva de ajuste cúbico para a amostra de betão 10BA40SD

	Coeficientes não padronizados		Coeficientes padronizados	t	Sig.
	B	Erro Std.	Beta		
Compressão experimental Resistência (MPa) ** 2	.587	1.493	.653	.393	.732
Compressão experimental Resistência (MPa) ** 3	.004	.020	.335	.202	.859
(Constante)	9.334	27.569		.339	.767

A partir da análise dos resultados, pode inferir-se que os três modelos, nomeadamente, a função de potência, a função quadrática e a função cúbica, como mostram as equações (7.5), (7.15) e (7.16), podem ser utilizados para prever a resistência à compressão da amostra 10BA40SD em diferentes idades de cura da amostra de betão.

7.9 Curva de melhor ajuste para a amostra de mistura de betão (10BA50SD) em diferentes condições de cura

7.9.1 Curva da função de potência para a amostral0BA50SD

Utilizando a função de potência ou a equação do modelo da Tabela 7.1 para a amostra 10BA50SD, a resistência à compressão 'f_c ' foi calculada em diferentes idades de cura (7, 28, 90,180 e 365 dias). Os resultados experimentais correspondentes são comparados na Fig.7.7 (a), como se mostra de seguida. Esta figura revela que o erro na previsão se situa apenas dentro de ±7%, o que é um erro aceitável em tais medições manuais. Por conseguinte, a equação do modelo sob a forma de função de potência pode ser bem utilizada para prever a resistência à compressão 'f_c ' em diferentes idades de cura para a amostra 10BA50SD.

7.9.2 Curvas de ajuste quadrático e cúbico para a amostraiOBASOSD

As Figs. 7.7 (b) e 7.7 (c) mostram o ajuste de curvas polinomiais quadráticas e cúbicas utilizando os valores experimentais da resistência à compressão com idades de cura da amostra de mistura de betão 10BA50SD. Os valores de R^2 para o ajuste da curva quadrática são iguais a 0,952 e para o ajuste da curva cúbica são 0,970, como se mostra na Tabela 7.23. O coeficiente de correlação, R, foi encontrado próximo da unidade (0,976) para todos os valores de saída preditivos da resistência à compressão. Os valores ajustados de R^2 também são quase iguais para as curvas de ajuste quadrático e cúbico, como se mostra nas Figs. 7.7 (b) e 7.7 (c). (a)

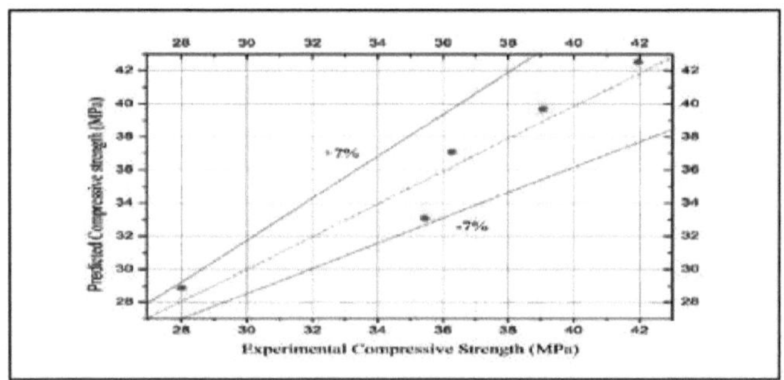

(b) (c)

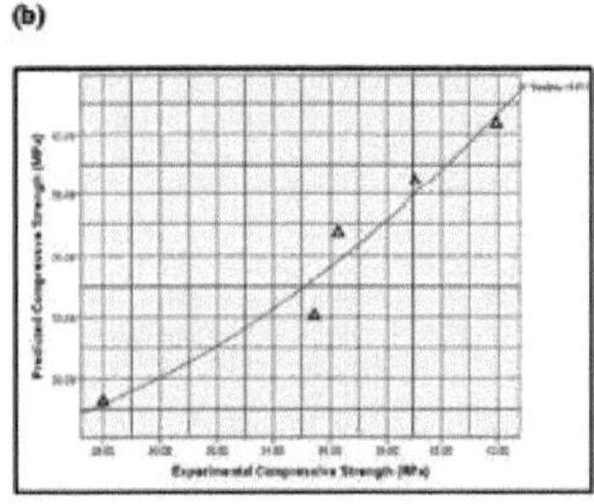

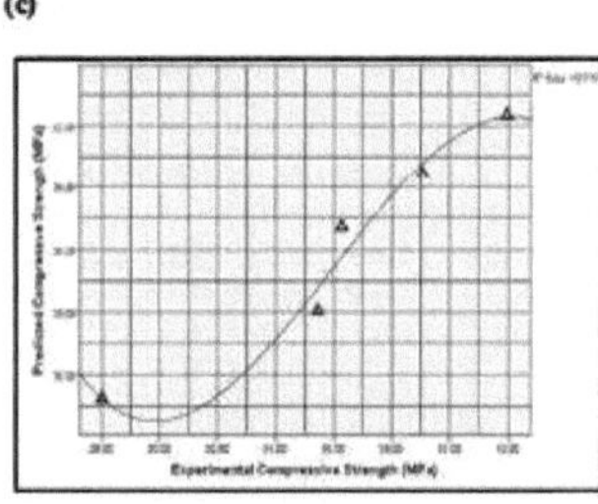

Fig.7.7 Comparação dos resultados experimentais com os resultados previstos para a amostra de mistura de betão (10BA50SD) (a) % de erro (b) Curva de ajuste quadrático (b) Curva de ajuste cúbico

As equações para as curvas de ajuste quadrático e cúbico para a amostra 10BA50SD são apresentadas a seguir:

Y=36.021.11*x+0.03*x*x..(7.17)

Y=4.48E237.23*x++0.95*x*x8.55E3*x*x*x..(7.18)

Os pormenores do resumo do modelo, ANOVA e coeficiente diferente para a amostra 10BA50SD são apresentados nas Tabelas 7.23, 7.24, 7.25 e 7.26. Os resultados apresentados nestas tabelas mostram que os modelos de ajuste quadrático e cúbico (Equações (7.17) e (7.18)) podem ser utilizados eficazmente para prever a resistência à compressão da amostra de mistura de betão 10BA50SD em diferentes idades de cura.

Tabela 7.23 Resumo do modelo para a amostra de betão 10BA50SD

Curvas de ajuste	R	R Quadrado	Quadrado R ajustado	Erro Std. da Estimativa
Curva de ajuste quadrático	.976	.952	.905	1.668
Curva de ajuste cúbico	.976	.970	.903	1.679

Tabela 7.24 ANOVA para a amostra de betão 10BA50SD

	Soma de quadrados	df	Quadrado médio	F	Sig.
Curva de ajuste quadrático					
Regressão	110.973	2	55.487	19.943	.048
Residual	5.564	2	2.782		
Total	116.538	4			
Curva de ajuste cúbico					
Regressão	110.899	2	55.449	19.666	.048
Residual	5.639	2	2.820		
Total	116.538	4			

Tabela 7.25 Coeficientes da curva de ajuste quadrático para a amostra de betão 10BA50SD

	Coeficientes não padronizados		Coeficientes padronizados	t	Sig.
	B	Erro Std.	Beta		
Compressão experimental Resistência (MPa) ** 2	-1.113	2.426	-1.076	-.459	.691
Compressão experimental Resistência (MPa) ** 3	.030	.035	2.047	.873	.475
(Constante)	36.024	41.558		.867	.477

Tabela 7.26 Coeficientes da curva de ajuste cúbico para a amostra de betão 10BA50SD

	Coeficientes não padronizados	Coeficientes padronizados	t	Sig.

	B	Erro Std.	Beta		
Compressão experimental Resistência (MPa) ** 2	-.031	1.221	-.030	-.026	.982
Compressão experimental Resistência (MPa) ** 3	.000	.000	1.006	.851	.484
(Constante)	23.406	27.975		.837	.491

A partir da análise dos resultados, pode inferir-se que os três modelos, nomeadamente, a função de potência, a função quadrática e a função cúbica, como mostram as equações (7.6), (7.17) e (7.18), podem ser utilizados para prever a resistência à compressão da amostra 10BA50SD em diferentes idades de cura da amostra de betão.
A Fig. 7.8 mostra que os valores R^2 da curva de ajuste quadrático e cúbico para diferentes misturas de betão. A curva de ajuste quadrático deu os valores R^2 mais baixos do que os valores da curva de ajuste cúbico para diferentes amostras de betão.
Por conseguinte, as curvas de ajuste cúbico para todas as seis amostras foram consideradas melhores em comparação com a função de potência e as curvas de ajuste quadrático, com valores de R^2 que variaram entre 0,97 e 0,992. Nas curvas de ajuste cúbico, os valores de R^2 para as diferentes misturas de betão OBAOSD, 10BA10SD, 10BA20SD, 10BA30SD, 10BA40SD e 10BA50SD foram de 0,983, 0,984, 0,986, 0,983, 0,992 e 0,97, o que mostra claramente que o modelo de ajuste cúbico para a amostra ideal 10BA40SD é o melhor, com um valor de R^2 de 0,992 (ver Fig. 7)..8). Por conseguinte, a amostra de betão 10BA40SD resultou numa curva de melhor ajuste entre todas as outras misturas de betão.

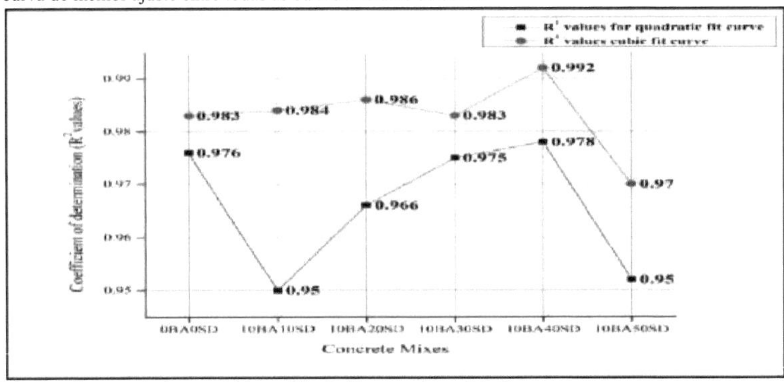

Fig.7.8 R^2 valores das curvas de ajuste quadrático e cúbico de diferentes misturas de betão

7.10 Observações finais

O efeito dos dias de cura na resistência à compressão foi estudado experimentalmente. Foram desenvolvidos modelos de regressão baseados no ajuste dos resultados experimentais para a previsão da resistência à compressão de diferentes misturas de betão com a idade de cura. O estudo permitiu tirar as seguintes conclusões:
A partir do ajustamento dos dados experimentais relativos à resistência à compressão e à idade de cura, foi possível identificar três modelos de regressão de melhor ajustamento com base nos valores mais elevados de R^2 (>0,95) e noutras medidas estatísticas de bom ajustamento. Estes modelos de regressão são identificados como função de potência, função quadrática e modelo de ajuste cúbico para todas as seis amostras de mistura de betão (0BA0SD, 10BA10SD, 10BA20SD, 10BA30SD, 10BA40SD, 10BA50SD) com coeficiente de determinação R^2 > 95 %, mostrando uma melhor adequação. Mas, entre os três modelos de melhor ajuste, a curva de ajuste cúbico pode ser considerada como o modelo de melhor ajuste para prever a resistência à compressão com a idade do betão para a amostra óptima (10BA40SD) com um valor R^2 elevado (0,992) e estimativas de erro baixas. Por conseguinte, as equações do modelo de ajuste cúbico podem ser utilizadas para prever a resistência à compressão do betão para diferentes amostras de betão para diferentes idades de cura das amostras de betão.
Além disso, os modelos de regressão desenvolvidos no presente estudo devem ser validados no futuro com os dados de outros investigadores em condições de experimentação semelhantes.

CAPÍTULO - VIII

CONCLUSÕES E RECOMENDAÇÕES

8.0 Generalidades

O presente estudo foi dedicado à avaliação das propriedades frescas, mecânicas e de durabilidade do betão contendo cinza de bagaço de cana-de-açúcar (SGBA) e pó de pedra (SD) utilizados individualmente e em combinação. As investigações experimentais foram efectuadas com a cinza de bagaço de cana como substituto parcial do cimento e o pó de pedra como substituto parcial da areia do rio. Este estudo foi ainda dedicado ao estudo do efeito da SGBA e da SD nas propriedades de resistência e durabilidade do betão e também à sua análise microestrutural utilizando o SEM e o EDS juntamente com o mapeamento elementar. O presente estudo centra-se principalmente em quatro aspectos gerais, que incluem (1) estudos sobre a caraterização dos materiais - (i) explorar a composição de óxidos e a composição elementar através de análises por XRF e SEM/EDS. (2) Estudar o efeito de diferentes proporções de SGBA e pó de pedra (SD), quando utilizados individualmente, em várias propriedades do betão, incluindo as propriedades de durabilidade. (3) Estudar as propriedades de resistência e durabilidade do betão que contém cinzas de bagaço de cana-de-açúcar e pó de pedra, quando utilizado em combinação e preparado em condições óptimas de mistura de betão. Além disso, comparar estas proporções com referência ao betão normal. Além disso, realizar os estudos de caraterização utilizando XRD, SEM/ EDS juntamente com o mapeamento elementar do betão preparado em condições óptimas para observar as variações na microestrutura. (4) Desenvolver e validar um modelo matemático baseado na análise de regressão não linear para a previsão da resistência à compressão do betão.

Estes aspectos são abordados em pormenor nos capítulos III a VII. As conclusões importantes resultantes do presente trabalho são resumidas na secção seguinte.

8.1 Conclusões

As conclusões importantes retiradas do presente estudo para atingir os objectivos definidos são resumidas da seguinte forma:

8.1.1 Conclusões retiradas dos estudos sobre a caraterização dos materiais

No presente trabalho, foram aplicadas três técnicas principais, como XRF, XRD e SEM/EDS, na caraterização dos materiais utilizados. O SEM/EDS foi utilizado para examinar as alterações na morfologia destes materiais antes da sua utilização na preparação de amostras de betão contendo SGBA e SD e também para explorar a composição elementar do cimento e da SGBA. Com base nos resultados experimentais obtidos, são tiradas as seguintes conclusões.

(i) Os resultados da análise XRF revelam a composição química do cimento e da SGBA e mostram que o cimento tem uma elevada percentagem de CaO (65,90%) e a SGBA tem uma elevada percentagem de S1O2 (71,11%). Isto mostra que a SGBA pode ser uma boa alternativa à parte do cimento na preparação da mistura de betão.

(ii) O pico mais elevado na amostra de cimento revela que o composto de silicatos tri-cálcicos (C3S) está presente num ângulo de 32,32° com uma intensidade de 1446 au, o que é bem conhecido como o principal componente responsável pela resistência do betão. O pico mais elevado na SGBA mostra que o mineral de quartzo está presente num ângulo de 27,04° com uma intensidade de 650 au. Existem vários outros picos que também indicam a presença de sílica juntamente com a cristobalite na SGBA, como é evidente na análise XRD.

(iii) A partir dos resultados da análise SEM, pode inferir-se que as partículas de cimento apresentam uma forma angular e irregular, enquanto as partículas de SGBA apresentam caraterísticas fibrosas finas com natureza esponjosa. Além disso, pode inferir-se que a SGBA tem um tamanho de grão fino e uma área de superfície superior à do cimento.

(iv) Os resultados da análise SEM/EDS revelam que as partículas de cimento contêm Cálcio (Ca) e Silício (Si) em grandes proporções em comparação com Oxigénio (O), Ferro (Fe) e Magnésio (Mg). Do mesmo modo, a amostra SGBA contém predominantemente sílica (Si) e oxigénio (O), enquanto outros elementos como o alumínio (Al), o cálcio (Ca) e o magnésio (Mg) estão presentes em menor proporção.

8.1.2 Estudar o efeito da SGBA e do pó de pedra (SD) em várias propriedades do betão, incluindo as propriedades de durabilidade, quando adicionados individualmente em diferentes proporções

Os estudos sobre o efeito da SGBA e do pó de pedra (SD) em várias misturas de betão com diferentes proporções, quando adicionados individualmente, permitem tirar as seguintes conclusões

(i) Os resultados do estudo revelam que a trabalhabilidade (WkA) do betão diminuiu com o aumento da percentagem de SGBA como substituição parcial do cimento.

(ii) Os resultados revelam ainda que a maior resistência à compressão e a maior resistência à tração foram alcançadas a 10% de substituição do cimento por SGBA e que se observou uma tendência decrescente para além de 10% de substituição do cimento por SGBA.

(iii) A partir dos resultados do ensaio de resistência aos sulfatos, conclui-se que a perda de resistência à compressão foi mínima, ou seja, 1,24% para 90 dias e 5,02% para 180 dias de cura da mistura de betão preparada com 10% de SGBA. Isto mostra que a resistência ao ataque de sulfato é melhorada no caso do cimento substituído por 10% de SGBA.

(iv) Os resultados da substituição de areia natural por pó de pedra, observa-se que o abatimento diminuiu com o aumento das proporções de pó de pedra. Por conseguinte, a trabalhabilidade diminui com o aumento da percentagem de pó de pedra.

(v) A partir dos resultados experimentais, conclui-se que a resistência à compressão e a resistência à tração foram mais elevadas quando a areia natural foi substituída por 40% de pó de pedra, tendo sido observada uma tendência decrescente para além do nível de substituição de 40% de pó de pedra. Por conseguinte, conclui-se que o nível ótimo de substituição do pó de pedra é de 40%.

(vi) Os resultados experimentais revelam ainda que a substituição de 40% da areia por pó de pedra proporciona uma boa resistência contra o ataque ácido quando os cubos foram curados em soluções de ácido clorídrico a 5% e de ácido sulfúrico a 5%. A partir dos resultados, conclui-se que se observa uma menor deterioração do betão com a solução de ácido sulfúrico. Por conseguinte, a solução de ácido sulfúrico revela-se melhor contra o ataque ácido ao betão em comparação com o ácido clorídrico.

(vii) A partir da análise dos resultados experimentais, a percentagem de perda de resistência à compressão foi mínima (4,13%) aos 90 dias e 7,95% aos 180 dias para a amostra 40SD. Assim, conclui-se que a resistência ao ataque por sulfatos melhora no betão com 40% de pó de pedra.

8.1.3 Conclusões retiradas de estudos relacionados com as propriedades de resistência e a durabilidade do betão em condições óptimas e também efetuar a caraterização do material utilizando as técnicas XRD, SEM, EDS

Com base nas experiências efectuadas no âmbito do presente estudo, são tiradas as seguintes conclusões

(i) A partir dos resultados obtidos nos ensaios de resistência à compressão e de resistência à tração, concluiu-se que a CS e a TS óptimas são alcançadas na mistura de betão preparada quando o cimento foi substituído por 10% de SGBA e o agregado fino foi substituído por 40% de SD. As misturas de betão contendo 10% de cinza de bagaço de cana em substituição do cimento e 10, 20, 30, 40 e 50% de SD em substituição da areia resultaram numa diminuição da trabalhabilidade do betão. A resistência à compressão foi observada mais elevada (45,01 N/mm^2) na mistura de betão contendo 10BA40SD curada em água e 39,59 N/mm^2 , 40 N/mm^2 , e 40,39 N/mm^2 quando curada em solução de sulfato de sódio de diferentes concentrações 10000 ppm,15000 ppm e 20000 ppm respetivamente. Por conseguinte, a CS foi observada ligeiramente mais elevada quando os cubos foram curados em água do que quando foram curados em soluções de sulfato de sódio.

(ii) A partir dos resultados do teste de resistência ao sulfato, infere-se que a maior resistência à compressão (40,39 N/mm^2) foi alcançada quando as amostras foram curadas em solução de sulfato de sódio de 20000 ppm e não no caso de soluções de SS de 10000 ppm ou 15000 ppm.

(iii) Outros resultados sobre a perda de resistência à compressão (CsL) revelam que a CsL foi mínima em 1,25%, 6,94%, 10,25% após 90 dias, 180 dias e 365 dias de cura quando os cubos foram curados em água e em solução de 20000 ppm SS quando os cubos foram curados em água e em solução de 20000 ppm SS, respetivamente, para a mistura 10BA40SD. Por conseguinte, conclui-se que a amostra 10BA40SD pode ser considerada a melhor, tanto do ponto de vista da resistência como da durabilidade. Concluiu-se também que a taxa de perda de resistência foi mínima no caso da mistura de betão preparada com a amostra 10BA40SD, o que confirma que a resistência ao ataque por sulfatos é melhorada na amostra 10BA40SD.

(iv) A partir dos resultados da análise SEM, concluiu-se que a superfície da amostra de mistura de betão (10BA40SD) curada em água apresenta gel C-S-H e $Ca(OH)_2$. Mas, quando curada numa solução de 20000 ppm de SS, apresenta formas de estrutura em forma de agulha, o que confirma a formação de ettingite (ETTG) na amostra. A formação de ETTG revela que existe ataque de sulfato na amostra após 90 dias, 180 dias e 365 dias de cura em soluções de SS. A partir dos resultados da análiseEDS, pode inferir-se que a composição elementar da amostra 10BA40SD contém principalmente O, Si, Ca e Al, etc.

8.1.4 Desenvolver e validar um modelo matemático para a previsão da resistência à compressão do betão através de uma análise de regressão não linear.

Do trabalho efectuado no âmbito desta vertente de estudo, foram retiradas as seguintes conclusões

Os modelos de regressão foram desenvolvidos utilizando a função de potência, que pode ser utilizada para prever/estimar as resistências à compressão do betão para diferentes técnicas de cura e idades de cura. No presente estudo, obtiveram-se resultados com o modelo de regressão para as resistências à compressão aos 7, 28,

90, 180 e 365 dias para as amostras de mistura de betão 0BA0SD, 10BA10SD, 10BA20SD, 10BA30SD, 10BA40SD, 10BA50SD com coeficiente de determinação (Revalores) $R^2 > 95$ %, mostrando uma melhor adequação dos resultados experimentais. O erro percentual na previsão da resistência à compressão de diferentes idades de cura situa-se entre ±7%, o que é razoavelmente bom e aceitável em tais estudos experimentais. O ajuste dos resultados experimentais e previstos mostra que o ajuste cúbico é a curva mais bem ajustada para a amostra 10BA40SD com o coeficiente de determinação mais elevado (R^2 =99,2%). Por conseguinte, pode concluir-se que ambos os modelos de ajuste de potência, especialmente o modelo de ajuste cúbico, podem ser eficazmente utilizados para prever a resistência à compressão do betão em diferentes idades com um grau de precisão razoável.

8.2 Recomendações para trabalhos futuros

No presente trabalho, a ênfase principal foi dada à exploração do efeito de materiais residuais, tais como SGBA e SD, nas várias propriedades do betão quando utilizados isoladamente ou em combinação. Vários aspectos, como a caraterização dos materiais através de estudos por XRF, SEM/EDS, juntamente com o mapeamento elementar, são descritos e abordados brevemente para as amostras em estudo. Foram experimentados modelos matemáticos para a previsão da resistência à compressão e da curva de melhor ajuste e foram desenvolvidos alguns modelos utilizando a análise de regressão para a resistência à compressão de amostras de mistura de betão contendo SGBA e SD em diferentes proporções em função da idade do betão. No entanto, há ainda muitos aspectos que requerem atenção e investigação em estudos futuros, como se segue: (i) No presente trabalho, as interações químicas entre todos os ingredientes do cimento, areia, SGBA e SD não são bem exploradas, pelo que podem ser retomadas em estudos futuros. As interações químicas também precisam de ser verificadas através de análises químicas em laboratório, (ii) No presente trabalho, foram estudadas as propriedades de resistência e durabilidade do betão contendo SGBA e SD. No entanto, podem ser realizados estudos futuros para avaliar a resistência aos cloretos, a retração por secagem e a resistência da mistura de betão contendo SGBA e SD (iii) É necessário realizar estudos no futuro para examinar a viabilidade da produção de betão auto-compactável utilizando SGBA e SD (iii) Podem também ser realizados estudos para produzir misturas de betão de grau superior utilizando a combinação de SGBA e SD ou outros materiais de base agrícola (iv) As correlações entre a resistência e a durabilidade do betão contendo SGBA e SD utilizando a análise de regressão podem também ser tentadas em estudos futuros.

REFERÊNCIAS

1. Aarthi, K., & Arunachalam, K. (2018). Estudos de durabilidade em betão auto-adensável reforçado com fibras com resíduos sustentáveis. *Jornal de Produção Mais Limpa, 174,* 247255.

2. Abukersh, S. A., & Fairfield, C. A. (2011). Betão de agregados reciclados produzido com pó de granito vermelho como substituto parcial do cimento. *Construction and Building Materials,* 25(10), 4088-4094.

3. Aggarwal, P., Aggarwal, Y e Gupta, S.M (2007). Effect ofbottom ash as replacement of fine aggregates in concrete. *Asian Journal of Civil Engineering (Building And Housing),* 8(1), 49-62

4. Aggarwal, Y., & Siddique, R. (2014). Microestrutura e propriedades do concreto usando cinzas de fundo e resíduos de areia de fundição como substituição parcial de agregados finos. *Construction and Building Materials, 54,* 210-223.

5. Aitcin, P.C. (1998). High Performance Concrete. *Taylor and Francis,* USA, ISBN-13: 9780419192701, 624.

6. Akkarapongtrakul, A., Julphunthong, P., & Nochaiya, T. (2017). Tempo de endurecimento e microestrutura de pastas de cimento Portland-cinzas de fundo-cinzas de bagaço de cana-de-açúcar. *Monatshefte für Chemie-Chemical Monthly, 148(7),* 1355-1362.

7. Akram, T., Memon, S. A., & Obaid, H. (2009). Produção de betão auto-adensável de baixo custo utilizando cinzas de bagaço. *Construction andBuildingMaterials, 23(2),* 703-712.

8. Al-Akhras, N. M., Ababneh, A., & Alaraji, W. A. (2010). Utilização de lama de pedra queimada em misturas de argamassa. *Construção e Materiais de Construção,* 24(12), 2658-2663.

9. Almeida, N., Branco, F., de Brito, J. & Santos, J. R. (2007a). Betão de alto desempenho com lama de pedra reciclada. *Investigação em Cimento e Betão,* 37(2), 210-220.

10. Al-Amoudi, O. S. B., Al-Kutti, W. A., Ahmad, S., & Maslehuddin, M. (2009). Correlação entre a resistência à compressão e certos índices de durabilidade de betões de cimento simples e misturados. *Compósitos de Cimento e Betão,* 31(9), 672-676.

11. Alavéz-Ramírez, R., Montes-Garcia, P., Martinez-Reyes, J., Altamirano-Juárez, D. C., & Gochi-Ponce, Y. (2012). O uso de cinzas de bagaço de cana-de-açúcar e cal para melhorar a durabilidade e as propriedades mecânicas de blocos de solo compactados. *Construção e Materiais de Construção, 34,* 296-305.

12. Ali, M. B., Saidur, R., & Hossain, M. S. (2011). Uma revisão sobre a análise de emissões em indústrias de cimento. *Revisões de Energia Renovável e Sustentável, 15(5),* 2252-2261.

13. Aliabdo, A. A., Abd Elmoaty, M., & Auda, E. M. (2014). Reutilização de resíduos de pó de mármore na produção de cimento e concreto. *Construção e materiais de construção, 50,* 28-41.

14. Al-Khalaf, M. N., & Yousif, H. A. (1984). Uso de cinzas de casca de arroz em concreto. *Jornal Internacional de Compósitos de Cimento e Betão Leve, 6(4),* 241-248.

15. Almeida, N., Branco, F., & Santos, J. R. (2007). Reciclagem de lamas de pedra em actividades industriais: Aplicação a misturas de betão. *Construção e Ambiente, 42(2),* 810-819.

16. Amin, N. (2011). Utilização de cinzas de bagaço no cimento e o seu impacto no comportamento mecânico e na resistividade aos cloretos da argamassa. *Avanços na investigação sobre o cimento, 23(2),* 75-80.

17. Andreão, P. V., Suleiman, A. R., Cordeiro, G. C., & Nehdi, M. L. (2019). Uso sustentável de cinzas de bagaço de cana-de-açúcar em materiais à base de cimento. *Green Materials,* 7(2), 61-70.

18. Aprianti, E. (2017). Um grande número de resíduos artificiais pode ser material cimentício suplementar (SCM) para a produção de betão - uma revisão parte II. *Jornal de produção mais limpa, 142,* 4178-4194.

19. Arenas-Piedrahita, J. C., Montes-Garcia, P., Mendoza-Rangel, J. M., Calvo, H. L., Valdez-Tamez, P. L., & Martinez-Reyes, J. (2016). Propriedades mecânicas e de durabilidade de argamassas preparadas com cinzas de bagaço de cana-de-açúcar não tratadas e cinzas volantes não tratadas. *Materiais de construção e edificação, 105,* 69-81.

20. Arif, E., Clark, M. W., & Lake, N. (2016). Cinzas de bagaço de cana-de-açúcar de uma caldeira de cogeração de alta eficiência: Aplicações na produção de cimento e argamassa. *Construção e Materiais de Construção, 128,* 287-297.

21. ASTM, C. (1994). 618 94. *Specification for coal jly ash and raw or calcined natural pozzolan for use as a mineral admixture in Portland cement concrete. Annual Book of ASTMStandards, 4,* 296-8. http://www.astm.org/Standards/C618.htm.

22. ASTM C 989-93 (1993). *Specificationfor Ground Granulated Blast-Furnace Slag for Use in Concrete and Mortars,* http://www.astm. org/Standards/C989.htm

23. ASTM C 1240-93 (1993). *Especificação para sílica de fumo para utilização em betão e argamassas.*

http://www.astm.org/Standards/C1240.htm
24. ASTM C *452-02* (2002). *Método de ensaio padrão para a expansão potencial de argamassas de cimento Portland expostas a sulfato*
25. Bacarji, E., Toledo Filho, R. D., Koenders, E. A. B., Figueiredo, E. P., & Lopes, J. L. M. P. (2013). Perspetiva de sustentabilidade dos resíduos de mármore e granito como material de enchimento de betão. *Materiais de construção e edificação, 45,* 1-10.
26. Bahurudeen A. e Santhanam,M. (2013). Caracterização da cinza de bagaço de cana-de-açúcar como material cimentício suplementar em concreto. *Actas do congresso de betão UKIERI Inovações na construção de betão,* Índia, 181-185.
27. Bahurudeen, A., & Santhanam, M. (2014). Cinza de bagaço de cana-de-açúcar - Um material cimentício suplementar alternativo. Na *conferência internacional sobre avanços em engenharia civil e química de materiais inovadores, Índia,* 837-42.
28. Bahurudeen, A., Kanraj, D., Dev, V.G., Santhanam, M. (2015). Avaliação do desempenho do cimento misturado com cinzas de bagaço de cana-de-açúcar em concreto. *Compósitos de cimento e betão,* 59, 77-88.
29. Balamurugan, G., & Perumai, P. (2013) Comportamento do betão na utilização de pó de pedreira para substituir a areia - um estudo experimental. *BEHAVIOUR,* 3(6).
30. Bangar, S. S., Phalke, S. N., Gawade, A. Y., Tambe, R. S., & Rahane, A. B. (2017). Um artigo de revisão sobre a substituição de cimento por cinzas de bagaço. *Revista Internacional de Ciências da Engenharia e Gestão,* 7(1), 127-131.
31. Bai, H. S.(2011). Utilização de pó de rocha britada como substituto de agregado fino em argamassa e betão. *Jornal Indiano de Ciência e Tecnologia,* 4(8), 917-9229.
32. Batic, O. R., Milanesi, C. A., Maiza, P. J., & Marfil, S. A. (2000). Formação de etringita secundária em concreto submetido a diferentes condições de cura. *Cement and Concrete Research, 30(9'),* 1407-1412.
33. Bederina, M., Makhloufi, Z., Bounoua, A., Bouziani, T., & Quéneudec, M. (2013). Efeito da substituição parcial e total de areia siliciosa de rio por areia britada de calcário na durabilidade de argamassas expostas a soluções químicas. *Materiais de Construção e Edificação, 47,* 146-158.
34. Binici, H., Shah, T., Aksogan, O., & Kaplan, H. (2008). Durabilidade do concreto feito com granito e mármore como agregados reciclados. *Jornal de tecnologia de processamento de materiais, 208 (У-У),* 299-308.
35. Bonavetti, V. L., & Irassar, E. F. (1994). O efeito do teor de pó de pedra na areia. *Pesquisa em Cimento e Concreto, 24(3),* 580-590.
36. Batool, F., Masood, A., & Ali, M. (2020). Caracterização da Cinza de Bagaço de Cana-de-Açúcar como Pozolana e Influência nas Propriedades do Concreto. *Jornal árabe para ciência e engenharia,* 1-10.
37. Batra, V. S., Urbonaite, S., & Svensson, G. (2008). Characterization of unbumed carbon in bagasse fly ash. *Fuel,* 57(13-14), 2972-2976.
38. Balamurugan, G., & Perumai, P. (2013). Utilização de pó de pedreira para substituir a areia no betão - Um estudo experimental. *Revista Internacional de Publicações Científicas e de Investigação,* 3(12), 1.
39. Bayapureddy, Y., Muniraj, K., & Mutukuru, M. R. G. (2020). Cinza de bagaço de cana-de-açúcar como material cimentício suplementar em compósitos de cimento: resistência, durabilidade e análise microestrutural. *Jornal da Sociedade Coreana de Cerâmica, 57,* 513-519.
40. Berenguer, R. A., Capraro, A. P. B., de Medeiros, M. H. F., Carneiro, A. M., & De Oliveira, R. A. (2020). Cinza de bagaço de cana-de-açúcar como substituto parcial do cimento Portland: Efeito nas propriedades mecânicas e na emissão de dióxido de carbono. *Revista de Engenharia Química Ambiental,* 5(2), 103655.
41. Binici, H., & Aksogan, O. (2006). Resistência ao sulfato de cimento simples e misturado. *Cement and Concrete Composites,* 25(1), 39-46. https://doi.org/10.1016/i.cemconcomp. 2005.08.002.
42. Binici, H., & Aksogan, O. (2018). Durabilidade do concreto feito com granito granular natural, areia de sílica e pós de resíduos de mármore e basalto como agregado fino. *Jornal de Engenharia de Construção, 19,* 109-121.https://doi.org/10.1016/i.iobe.2018.04.022
43. Boateng, A. A., & Skeete, D. A. (1990). Incineração de casca de arroz para utilização como material cimentício: The Guyana experience. *Cement and Concrete Research, 20(5),* 795-802.
44. Borhan, M. N., Ismail, A., & Rahmat, R. A. (2010). Avaliação da cinza de combustível de óleo de palma (POFA) em misturas de asfalto. *Jornal Australiano de Ciências Básicas e Aplicadas,* 4(10), 5456-5463.
45. Braz, I. G., Shinzato, M. C., Montanheiro, T. J., de Almeida, T. M., & de Souza Carvalho, F. M. (2019). Efeito da adição de resíduos de reciclagem de alumínio na atividade pozolânica da cinza de bagaço de cana-de-açúcar e zeólita. *Valorização de Resíduos e Biomassa,* 70(11), 3493-3513.
46. Bureau of Indian Standards. (2000). *IS 456: 2000. Código de práticas do betão simples e armado, Bureau*

of Indian Standards, Quarta revisão.
47. Bureau of Indian Standards. (2004). *IS 1199-1959. MÉTODOS DE AMOSTRAGEM E ANÁLISE DE CONCRETO, Nova Deli.*
48. Gabinete de Normas Indianas. (2016). *IS 383-2016: Especificação para agregados grossos e finos de fontes naturais para betão.*
49. Cang, S., Ge, X., & Bao, Y. (2017). Avaliação das propriedades mecânicas e danos do concreto de alto desempenho submetido ao ambiente de sulfato de magnésio. *Avanços em Ciência e Engenharia de Materiais, 2017.*
50. Castaldelli, V. N., Akasaki, J. L., Meiges, J. L., Tashima, M. M., Soriano, L., Borrachero, M. V., & Payá, J. (2013). Uso de misturas de escória / cinza de bagaço de cana-de-açúcar (SCBA) na produção de materiais álcali-ativados. *Materials,* 6(8), 3108-3127.
51. Celik, T. & Marar, K. (1996). Efeitos do pó de pedra britada em algumas propriedades do betão. *Cementand Concrete research,* 26(7), 1121-1130.
52. Chana, N., Sumalatha, Sunil Kumar, Vineet. (2017). Utilização de SCBA como material cimentício suplementar em betão. *Int. J. Sci. Technol. Eng.,* 4 (1), 60-64.
53. Charhate, S., Subhedar, M., & Adsul, N. (2018). Previsão de propriedades do concreto usando regressão linear múltipla e rede neural artificial. *Jornal de computação suave em engenharia civil,* 2 (3), 27-38.
54. Chi, M. C. (2012). Efeitos da cinza de bagaço de cana-de-açúcar como substituto do cimento nas propriedades das argamassas. *Ciência e Engenharia de Materiais Compósitos, 19(3),* 279-285. Disponível em: https://doi.org/ 10.1515/secm-2012-0014.
55. Chindaprasirt, P., Sujumnongtokul, P., & Posi, P. (2019). Durabilidade e propriedades mecânicas do betão de pavimento contendo cinzas de bagaço. *Materiais Hoje: Proceedings, 17,* 1612-1626.
56. Chusilp, N., Jaturapitakkul, C., & Kiattikomol, K. (2009). Utilização de cinzas de bagaço como material pozolânico em betão. *Construction and Building Materials,* 25(11), 3352-3358.
57. Chusilp, N., Jaturapitakkul, C., & Kiattikomol, K. (2009). Efeitos do LOI da cinza de bagaço moída na resistência à compressão e resistência ao sulfato de argamassas. *Construção e Materiais de Construção,* 25(12), 3523-3531.
58. Cordeiro, G. C., Toledo Filho, R. D., Tavares, L. M., & Fairbairn, E. M. R. (2008). Atividade pozolânica e efeito de enchimento da cinza de bagaço de cana-de-açúcar em argamassas de cimento Portland e cal. *Compósitos de cimento e betão, 30(5),* 410-418.
59. Cordeiro, G. C., Toledo Filho, R. D., & Fairbairn, E. D. M. R. (2008). Uso de cinzas ultrafinas de bagaço de cana-de-açúcar como aditivo mineral para concreto. *ACI Materials Journal, 105(5),* 487.
60. Cordeiro, G. C., Toledo Filho, R. D., Tavares, L. M., & Fairbairn, E. M. R. (2012). Caracterização experimental de concretos binários e ternários de cimento misturado contendo casca de arroz residual ultrafina e cinzas de bagaço de cana-de-açúcar. *Construção e Materiais de Construção, 29,* 641-646.
61. Cordeiro, G. C., Tavares, L. M., & Toledo Filho, R. D. (2016). Melhoria da atividade pozolânica da cinza de bagaço de cana-de-açúcar por moagem e classificação seletiva. *Pesquisa em Cimento e Concreto, 89,* 269-275.
62. Cordeiro, G. C., Barroso, T. R., & Toledo Filho, R. D. (2018). Melhoria das propriedades da cinza de bagaço de cana-de-açúcar com alto teor de carbono por um processo de recalcinação controlado. *KSCE Journal of Civil Engineering,* 22(4), 1250-1257.
63. Corinaldesi, V., Monconi, G., & Naik, T. R. (2010). Caracterização do pó de mármore para a sua utilização em argamassa e betão. *Construção e materiais de construção, 24(1},* 113-117.
64. Damtoft, J. S., Lukasik, J., Herfort, D., Sorrentino, D., & Gartner, E. M. (2008). Desenvolvimento sustentável e iniciativas de mudança climática. *Investigação sobre cimento e betão, 38(2},* 115-127.
65. Dananjayan, R.R.T., Kandasamy, P., Andimuthu, R.(2016). Carbonatação mineral direta de cinzas volantes de carvão para sequestro de CO2. *Jornal de Produção Mais Limpa* 112, 4173-4182.
66. Deepika, S., Anand, G., Bahurudeen, A., & Santhanam, M. (2017). Produtos de construção com aglutinante de cinzas de bagaço de cana-de-açúcar. *Revista de Materiais em Engenharia Civil,* 29(10), 04017189.
67. El-Hachem, R., Rozière, E., Grondin, F., & Loukili, A. (2012). Análise multicritério do mecanismo de degradação de argamassas à base de cimento Portland expostas a ataque externo de sulfato. *Cement and ConcreteResearch,* 42(10), 1327-1335.
68. Ekanayake, E. M. T. M., Jayewardene, M. N., Kannangara, K. K. D. M., Puswewala, U. G. A., Ratnayake, N. P., Chaminda, S. P., & Vijitha, A. V. P. (2007). Alternative for river sand. *Actas do ERE,* 49-52.
69. Embong, R., Kusbiantoro, A., Shafiq, N., Nuruddin, M.F. (2016). Propriedades de resistência e

microestruturais do concreto geopolimérico à base de cinzas volantes contendo agregado com alto teor de cálcio e absorção de água. *Jornal de Produção Mais Limpa*, 112, 816-822

70. Eren, Ö., & Marar, K. (2009). Efeitos do pó do triturador de calcário e das fibras de aço no betão. *Construction and Building Materials, 23(2},* 981-988.

71. Fairbairn, E. M., Americano, B. B., Cordeiro, G. C., Paula, T. P., Toledo Filho, R. D., & Silvoso, M. M. (2010). Substituição de cimento por cinza de bagaço de cana-de-açúcar: Redução de emissões de CO2 e potencial para créditos de carbono. *Revista de gestão ambiental, 91(9},* 1864-1871.

72. Faria, K. C. P., Gurgel, R. F., & Holanda, J. N. F. (2012). Reciclagem de resíduos de cinzas de bagaço de cana-de-açúcar na produção de tijolos de argila. *Revista de gestão ambiental, 101,* 712.

73. Ferreira, R. T. L., Nunes, F. M. M. P., da Silva Bezerra, A. C., Figueiredo, R. B., Cetlin, P. R., & de Aguilar, M. T. P. (2016). Influência do rebumbeamento na pozolanicidade de cinzas de bagaço de cana-de-açúcar com diferentes caraterísticas. No *fórum de ciência dos materiais* (Vol. 869, pp. 141-146). Trans Tech Publications Ltd. Disponível em: https:// doi.org/10.4Q28/www.scientific.net/MSF.869.141.

74. Frias, M., Villar, E., & Savastano, H. (2011). Cinzas brasileiras de bagaço de cana-de-açúcar da indústria de cogeração como pozolanas ativas para a fabricação de cimento. *Cimento e compósitos de betão, 33(4),* 490-496.

75. Gameiro, F., De Brito, J., & da Silva, D. C. (2014). Desempenho de durabilidade do betão estrutural contendo agregados finos provenientes de resíduos gerados pela indústria de extração de mármore. *Estruturas de Engenharia, 59,* 654-662.

76. Ganesan, K., Rajagopal, K., & Thangavel, K. (2007). Avaliação da cinza de bagaço como material cimentício suplementar. *Cement and concrete composites, 29(6),* 515- 524.Available from: https:// doi.org/10.1016/-j.cemconcomp.2007.03.001

77. Gar, P. S., Suresh, N., & Bindiganavile, V. (2017). Cinza de bagaço de cana-de-açúcar como aditivo pozolânico em concreto para resistência a temperaturas elevadas sustentadas, *materiais de construção e construção, 153,* 929-936.

78. García, M., Hernández Toledo, U. I., Montes García, P., & Valdez Tamez, P. L. (2018). A influência da cinza de bagaço de cana-de-açúcar não tratada nas propriedades microestruturais e mecânicas das argamassas. *Materiales de Construcción, 68(329),* 1-12.

79. Gesoglu, M., Güneyisi, E., & Özbay, E. (2009). Propriedades de betões auto-compactáveis feitos com misturas cimentícias binárias, ternárias e quaternárias de cinzas volantes, escória de alto-forno e sílica ativa. *Construção e Materiais de Construção, 23(5).* 1847-1854.

80. Gesoglu, M., Güneyisi, E., Öz, H. Ö., Yasemin, M. T., & Taha, I. (2015). Caraterísticas de durabilidade e retração de concretos autocompactáveis contendo agregados grossos e / ou finos reciclados. *Avanços em Ciência e Engenharia de Materiais, 2015.*

81. Ghorbani, S., Taji, I., De Brito, J., Negahban, M., Ghorbani, S., Tavakkolizadeh, M., & Davoodi, A. (2019). Comportamento mecânico e de durabilidade do betão com pó de resíduos de granito como substituição parcial do cimento em condições de exposição adversas. *Construção e Materiais de Construção, 194,* 143-152... https://doi.org/10.1016/i.conbuildmat. 2018.11.023.

82. Golafshani, E. M., & Behnood, A. (2018). Métodos de regressão automática para formulação do módulo de elasticidade do concreto de agregado reciclado. *Computação Suave Aplicada, 64,* 377-400.

83. Goyal, A., Anwar, A. M., Kunio, H., & Hidehiko, O. (2007, dezembro). Propriedades da cinza de bagaço de cana-de-açúcar e seu potencial como aglutinante de cimento-pozolana. Em *Twelfth International Colloquium on Structural and Geotechnical Engineering* (pp. 10-12).

84. Gu, Y., Martin, R. P., Metalssi, O. O., Fen-Chong, T., & Dangla, P. (2019). Análises do tamanho dos poros da pasta de cimento exposta ao ataque externo de sulfato e formação retardada de etringita. *Pesquisa de Cimento e Concreto, 123,* 105766.

85. Haque, M. N., & Kayali, O. (1998). Propriedades do concreto de alta resistência usando uma cinza volante fina. *Cementand Concrete Research,* 25(10), 1445-1452.

86. Hemalatha, T., & Ramaswamy, A. (2017). A review on fly ash characteristics-Towards promoting high volume utilization in developing sustainable concrete. *Jornal de produção mais limpa, 147,* 546-559.

87. Hashmi, A. F., Shariq, M., & Baqi, A. (2021). Uma investigação sobre a resistência dependente da idade, módulo de elasticidade e deflexão do concreto com cinzas volantes de baixo teor de cálcio para construção sustentável. *Materiais de construção e construção, 283,* 122772.

88. Hekal, E. E., Kishar, E., & Mostafa, H. (2002). Ataque de sulfato de magnésio em pastas de cimento misturadas endurecidas em diferentes circunstâncias. *Cement and Concrete Research, 32(9),* 1421-1427.

89. Hernández, J. M., Middendorf, B., Gehrke, M., & Budelmann, H. (1998). Utilização de resíduos da indústria açucareira como pozolana em ligantes de cal-pozolana: estudo da reação. *Investigação em Cimento e Betão, 28(H),* 1525-1536.
90. Higgins, D. (2007). Briefing: GGBS e sustentabilidade.
91. Hussein, A. A. E., Shafiq, N., Nuruddin, M. F., & Memon, F. A. (2014). Resistência à compressão e microestrutura do concreto de cinzas de bagaço de cana-de-açúcar. *Jornal de Pesquisa de Ciências Aplicadas, Engenharia e Tecnologia,* 7(12), 2569-2577.
92. Hwang, E. H., & Ko, Y. S. (2008). Comparação das propriedades mecânicas e físicas de argamassas modificadas com polímero SBR utilizando resíduos reciclados. *Journal of Industrial and Engineering Chemistry, 14(5),* 644-650.
93. Ikumi, T., & Segura, I. (2019). Avaliação numérica do ataque externo de sulfato em estruturas de betão. Uma revisão. *Pesquisa em Cimento e Concreto, 121,* 91-105.
94. Iqtidar, A., Bahadur Khan, N., Kashif-ur-Rehman, S., Faisal Javed, M., Aslam, F., Alyousef, R., & Mosavi, A. (2021). Previsão da resistência à compressão do concreto de cinza de casca de arroz por meio de diferentes processos de aprendizado de máquina. *Cristais, 11 (A),* 352.
95. IS, B C (2002). *516-1959. Código de Prática para Métodos de Ensaios de Resistência do Betão.*
96. É, B C (1995). *5816: 1999. Método de ensaio de resistência à tração por compressão do betão.*
97. IS, B C (2013). *269-2013. CIMENTO PORTLAND COMUM, GRAU 33 - ESPECIFICAÇÕES.*
98. Jagadesh, P., Ramachandramurthy, A., Murugesan, R., & Sarayu, K. (2015). Estudos microanalíticos sobre cinzas de bagaço de cana-de-açúcar. *Sadhana, 40(5),* 1629-1638.
99. Jamsawang, P., Poorahong, H., Yoobanpot, N., Songpiriyakij, S., & Jongpradist, P. (2017). Melhoria da argila mole com resíduos de cimento e cinzas de bagaço. *Materiais de construção e edificação, 154,* 61-71.
100. Javed, M. F., Amin, M. N., Shah, M. I., Khan, K., Iftikhar, B., Farooq, F., & Alabduljabbar, H. (2020). Aplicações de programação de expressão gênica e técnicas de regressão para estimar a resistência à compressão de concreto à base de cinzas de bagaço. *Crystals, 10(9),* 737.
101. Jaturapitakkul, C., Kiattikomol, K., Tangchirapat, W., & Saeting, T. (2007). Avaliação da resistência ao sulfato do betão contendo cinzas de óleo de palma. *Construção e Materiais de Construção, 21(1'),* 1399-1405.
102. Jha, P., Sachan, A.K., & Singh, R.P. 2020. Análise da microestrutura do betão: utilização de resíduos de cinzas de bagaço como substituição parcial do cimento. *Jornal Indiano de Proteção Ambiental,* 40(3), 269-275.
103. Joshaghani, A., Ramezanianpour, A. A., & Rostami, H. (2016, junho). Efeito da incorporação da cinza de bagaço de cana-de-açúcar (SCBA) na argamassa para examinar a durabilidade do ataque de sulfato. In *Proceedings of the Second International Conference on Concrete Sustainability, Madrid, Spain* (pp. 13-15).
104. Joseph O. Ukpata, Maurice E. Ephraim e Godwin A. Akeke. (2012). Resistência à compressão do betão utilizando areia laterítica e pó de pedreira como agregado fino. *ARPN Journal of Engineering and Applied Sciences,* 7(1), 81-92.ISSN 1819-6608.
105. Kapgate, S. S., & Satone, S. R. (2013). Efeito do pó de pedreira como substituição parcial da areia no betão. *Revista de investigação de riachos indianos,* 5(5), 1-8.
106. Karthikeyan, V., & Ponni, M. (2006). Um estudo experimental da utilização de cinzas volantes para a fabricação de tijolos. Na *22ª Conferência Nacional de Engenheiros Arquitectos de Trichur* (pp. 151-156).
107. Kasperkiewicz, J., Racz, J., & Dubrawski, A. (1995). Previsão de resistência de HPC usando rede neural artificial. *Journal of Computing in Civil Engineering, 9(4),* 279-284.
108. Katare, V. D., & Madurwar, M. V. (2017). Caracterização experimental da cinza de biomassa de cana-de-açúcar - uma revisão. *Materiais de construção e construção, 152,* 1-15.
109. Kazmi, S. M. S., Munir, M. J., Patnaikuni, I., & Wu, Y. F. (2017). Reação pozolânica da cinza de bagaço de cana-de-açúcar e seu papel no controle da reação de sílica alcalina. *Construção e Materiais de Construção, 148,* 231-240.
110. Keleçtemur, O., Arici, E., Yildiz, S., & Gôkçer, B. (2014). Avaliação do desempenho de argamassas de cimento contendo pó de mármore e fibra de vidro expostas a altas temperaturas usando o método Taguchi. *Construção e Materiais de Construção, 60,* 17-24.
111. Khan, S., Kamal, M., & Haroon, M. (2015). Potencial da cinza de bagaço de cana-de-açúcar tratada com cimento (SCBA) como material de construção de rodovias. *Pesquisa de estradas e transporte: Um Jornal de Pesquisa e Prática da Austrália e Nova Zelândia, 24 (3),* 35.
112. Khodabakhshian, A., Ghalehnovi, M., De Brito, J., & Shamsabadi, E. A. (2018). Desempenho de durabilidade do concreto estrutural contendo sílica ativa e pó de resíduos da indústria de mármore. *Jornal de produção mais limpa, 170,* 42-60.

113. Kosmatka, S. H., Kerkhoff, B., & Panarese, W. C. (2002). *Design and control of concrete mixtures* (Vol. 5420, pp. 60077-1083). Skokie, IL: Portland CementAssociation.
114. Kujur, F. E., Vikas, S., Anjelo,F.D., Ehsan,A., e Agarwal.V.C.(2014). Pó de pedra como substituição parcial de agregado fino em betão, *J Acad.Indus., Res* 3(5), 229-232.
115. Lam, L., Wong, Y. L., & Poon, C. S. (2000). Grau de hidratação e relação gel/espaço de sistemas de alto volume de cinzas volantes/cimento. *Cement and concrete research, 30(5),* 747-756.
116. Lima, S. A., Sales, A., Almeida, F. D. C. R., Moretti, J. P., & Portella, K. F. (2011). Concretos produzidos com cinza de bagaço de cana-de-açúcar: avaliação da durabilidade para ensaios de carbonatação e abrasão. *Ambiente Construído, 11(2),* 201-212.
117. LÍU, T., Qin, S., Zou, D., & Song, W. (2018). Investigação experimental sobre os desempenhos de durabilidade do concreto usando vidro de tubo de raios catódicos como agregado fino sob penetração de íons cloreto ou ataque de sulfato. *Construção e Materiais de Construção, 163,* 634-642.
118. LÍU, P., Chen, Y., Wang, W., & Yu, Z. (2020). Efeito do ataque físico e químico de sulfato na degradação do desempenho do concreto em diferentes condições. *Chemical PhysicsLetters, 745,* 137254.
119. Lohani, T. K., Padhi, M., Dash, K. P., & Jena, S. (2012). Utilização ideal do pó de pedreira como substituição parcial da areia no concreto. *Int. J. Appi. Sci. Eng. Res, 1(2),* 391-404.
120. Loudon, N. (2003). Uma revisão da experiência do ataque com sulfato de taumasite pela Agência de Auto-estradas do Reino Unido. *Cement and concrete Composites,* 25(8), 1051-1058.
121. Lura, P., Wyrzykowski, M., Tang, C., & Lehmann, E. (2014). Cura interna com agregado leve produzido a partir de resíduos derivados de biomassa. *Pesquisa de cimento e concreto, 59,* 24-33.
122. Mahzuz, H. M. A., Ahmed, A. A. M., & Yusuf, M. A. (2011). Utilização de pó de pedra em betão e argamassa como alternativa à areia. *Jornal Africano de Ciência e Tecnologia Ambiental,* 5(5), 381-388.
123. Malhotra, V.M. (1987). Supplementary Cementing Materials for Concrete (Materiais de Cimentação Suplementares para Betão). Centro de Tecnologia Mineral e Energética, Ottawa, Canadá, 428.
124. Malhotra, V.M.(1996). Pozzolanic and Cementitious Materials. Gordon and Breach Publishers, Amesterdão, pp: 208.
125. Malhotra, V.M. (1993). Fly Ash, Slag, Silica Fume, and Rice Husk Ash in concrete: A review Concrete International, 15(4), 23-28.
126. Malhotra, V. M., Zhang, M. H., & Leaman, G. H. (2000). Desempenho a longo prazo de barras de reforço de aço em concreto de cimento portland e concreto incorporando volumes moderados e altos de cinzas volantes ASTM Classe F. *ACI Materials Journal, 97(4),* 409-417.
127. Malhotra, V. M. (2002). Introdução: desenvolvimento sustentável e tecnologia do betão. Concrete International, 24(7).
128. Medina, G., del Bosque, I. S., Frias, M., de Rojas, M. S., & Medina, C. (2018). Durabilidade de novos cimentos com pó de pedreira de granito reciclado. *Construção e Materiais de Construção, 187,* 414-425... https://doi.org/10.1016/j.conbuildmat. 2018.07.134
129. Menadi, B., Kenai, S., Khatib, J., & Ai't-Mokhtar, A. (2009). Resistência e durabilidade do betão com incorporação de areia calcária britada. *Construction and Building Materials, 23(2),* 625-633.
130. Meeravali, K., Balaji, K. V. G. D., & Kumar, T. S. (2014). Substituição parcial de cimento em betão com Ash-behavior de bagaço de cana de açúcar em solução HC1. *Revista Internacional de Pesquisa Avançada em Ciência e Engenharia http://www. ijarse. com IJARSE,* (3).
131. Mehta, P. K. (1986). Concrete. Structure, properties and materials. Third, McGraw-Hill. https://doi.org/10.1036/0071462899
132. Mehta, P.K. (1989) Pozzolanic and cementitious by-products in concrete - Another look. Actas da 3ª Conferência Internacional sobre a utilização de cinzas volantes, sílica de fumo, escória e pozolanas naturais em betão, Ed. V M Malhotra, ACI SP-114, Trondheim; 1- 43.
133. Modani, P. O., & Vyawahare, M. R. (2013). Utilização de cinzas de bagaço como substituição parcial de agregado fino em concreto. *Procedia Engineering, 51,* 25-29.
134. Mohseni, E., Tang,W., & Cui,H. (2017). Difusão de cloreto e resistência ácida de concreto contendo zeólita e tufo como substituições parciais de cimento e areia, *Materiais,* 10 (4), 372.
135. Montakamtiwong, K., Chusilp, N., Tangchirapat, W., & Jaturapitakkul, C. (2013). Resistência e evolução térmica de concretos contendo cinzas de bagaço de usinas termelétricas na indústria açucareira. *Materials & Design, 49,* 414-420.
136. Morales, E. V., Villar-Cociña, E., Frias, M., Santos, S. F., & Savastano Jr, H. (2009). Efeitos das condições de calcinação na microestrutura das cinzas de resíduos de cana-de-açúcar (SCWA): Influência na ativação

pozolânica. *Compósitos de Cimento e Concreto,* 32(1), 22-28. Disponível em: https://doi.org/ 10.1016/-j.cemconcomp.2008.10.004.

137. Moretti, J. P., Sales, A., Almeida, F. C., Rezende, M. A., & Gromboni, P. P. (2016). Utilização conjunta de resíduos de construção (RCC) e areia de cinza de bagaço de cana-de-açúcar (SBAS) em concreto. *Materiais de Construção e Edificação, 113,* 317-323.

138. Muga, H., Betz, K., Walker, J., Pranger, C., Vidor, A., Eatmon, T., ... & Harris, R. A. (2005). Desenvolvimento de materiais de construção adequados e sustentáveis. *Instituto de Engenharia Civil e Ambiental para o Futuro Sustentável, Universidade Tecnológica de Michigan.*

139. Murthi, P., & Sivakumar, V.(2008) Studies on acid resistance of ternary blended concrete .

140. Murugesan, T., Vidjeapriya, R., & Bahurudeen, A. (2020). Betão misturado com cinzas de bagaço de cana-de-açúcar para uma utilização eficaz dos recursos entre as indústrias do açúcar e da construção. *Sugar Tech,* 1-12.

141. Nagpal, L., Dewangan, A., Dhiman, S., & Kumar, S. (2013). Avaliação das caraterísticas de resistência do betão utilizando pó de pedra britada como agregado fino. *Revista Internacional de Tecnologia Inovadora e Engenharia de Exploração, 2(6),* 102-104.

142. Naik, T. R., & Singh, S. S. (1993). Geração e utilização de cinzas volantes - uma visão geral. *Publicado no livro intitulado "Recent Trend in Fly Ash Utilization", Ministério do Ambiente e da Gestão das Florestas, Governo da Índia,* 1-25.

143. Nehdi, M., El Chabib, H., & El Naggar, M. H. (2001). Previsão do desempenho da auto compactação de misturas de betão utilizando redes neuronais artificiais. *Materials Journal, 98(5),* 394-401.

144. Neto, J. D. S. A., de França, M. J. S., de Amorim Junior, N. S., & Ribeiro, D. V. (2021). Efeitos da adição de cinza de bagaço de cana-de-açúcar nas propriedades e durabilidade do concreto. *Construção e Materiais de Construção, 266,* 120959.

145. Neville, A.M. (2005). Properties of Concrete (Propriedades do betão). 4thEdn. Pearson Education Ltd., Essex, Inglaterra

146. Nguyen, V. T. (2011). Cinzas de casca de arroz como aditivo mineral para betão de desempenho ultra-elevado.

147. Norazila e Kamarulzaman (2010). Uma investigação sobre o efeito do pó de pedreira como substituto da areia na resistência à compressão e à flexão do betão de espuma. Tese de doutoramento, Faculdade de Engenharia Civil e Ambiental, Universidade da Malásia Pahang.

148. 0sinubi, K. J., Bafyau, V., & Eberemu, A. O. (2009). Estabilização de cinzas de bagaço em solos lateríticos. Em *Appropriate technologies for environmental protection in the developing world* (pp. 271-280). Springer, Dordrecht.

149. Park, J., Tae, S., & Kim, T. (2012). Avaliação do ciclo de vida do CO2 do betão por resistência à compressão no local de construção na Coreia. *Renewable and Sustainable Energy Reviews, 16(5),* 2940-2946.

150. Patel, J. A., & Raijiwala, D. B. (2015). Estudo experimental sobre o uso de cinzas de bagaço de cana-de-açúcar em concreto por substituição parcial com cimento. *Revista Internacional de Pesquisa Inovadora em Ciência, Engenharia e Tecnologia, 4(A),* 2228-2232.

Payá, J., Monzó, J., Borrachero, M. V., Díaz-Pinzón, L., & Ordonez, L. M. (2002). Cinza de bagaço de cana-de-açúcar (SCBA): estudos sobre suas propriedades para reutilização na produção de concreto. *Journal of Chemical Technology & Biotechnology: International Research in Process, Environmental Clean Technology,* 77(3), 321-325.
https://doi.org/10.1002/ictb.549.

151. Pereira, A., Akasaki, J. L., Meiges, J. L., Tashima, M. M., Soriano, L., Borrachero, M. V., ... & Payá, J. (2015). Propriedades mecânicas e de durabilidade da argamassa álcali-ativada à base de cinza de bagaço de cana-de-açúcar e escória de alto-forno. *Ceramics International, 41(10),* 13012- 13O24.Disponível em: https://doi.org/10.1016/j.ceramint.2015.07.001

152. Peng, Y., Hu, S., & Ding, Q. (2009). Propriedades de empacotamento denso de aditivos minerais em material cimentício. *Particuology,* 7(5), 399-402.

153. Pofale, A. D., & Quadri, S. R. (2013). Utilização eficaz de pó de triturador em concreto usando cimento portland pozzolana. *Revista Internacional de Publicações Científicas e de Investigação,* 5(8), 1-10.

154. Associação do Cimento Portland. (2001). *Ettringite formation and the performance of concrete* (No. 2166). Associação de Cimento Portland.

155. Prasad, J., Jain, D. K., & Ahuja, A. K. (2006). Factores que influenciam a resistência ao sulfato do betão e

da argamassa de cimento.
156. Praveenkumar, S., Sankarasubramanian, G., & Sindhu, S. (2021). Avaliação do Desempenho Pozolânico da Cinza de Bagaço e Cinza de Casca de Arroz. Em *Tendências Recentes em Engenharia Civil* (pp. 189-196), Springer, Cingapura.
157. Proporção-Guia, IS CM (2009). *IS 10262: 2009. Bureau of Indian Standards,* Nova Deli.
158. Puertas, F., Varga, C., Alonso, M. D. M., Diaz-Bautista, M. A., & Lizarraga, S. (2015). Nova tecnologia para adições pozolânicas alternativas para cimento Portland de landfi Ils abandonados.
159. Quadri, A. P. S. R. (2013). Utilização eficaz de pó de triturador em concreto usando cimento Portland Pozzolana. *Int. J. Sci. Res. Pubi, 415.*
lól.Rajput, S. P. S., & Chauhan, M. S. (2014). Adequação do pó de pedra britada como fino agregado em argamassas, *micron (No. 30),* 59(49.8), 35-59.
162 .Ramos, T., Matos, A. M., Schmidt, B., Rio, J., & Sousa-Coutinho, J. (2013). Resíduos de lamas de pedreira granítica em argamassas: Efeito na resistência e durabilidade. *Construção e Materiais de Construção, 47,* 1001-1009.
163 Rana, A., Kalla, P., & Csetenyi, L. J. (2017). Reciclagem de resíduos da indústria de calcário de dimensão em concreto. *Jornal Internacional de Mineração, Recuperação e Meio Ambiente,* 57(4), 231-250.
164 Rana, A., Kalla, P., Singh, S. & Meena, A. (2015) Reologia, resistência e permeabilidade do betão contendo agregado de pedra Kota reciclado. *In Proceedings of the India UKIERI Concrete Congress - Concrete Research Driving Profit and Sustainability,* at NIT Jalandhar.
165 .Reddy, M. V. S., Mrudula, D., Seshalalitha, M., & Hariprasad, P. (2015). O efeito do pó de rocha triturada e do super plastificante nas propriedades frescas e endurecidas do concreto de grau M30. *Jornal Internacional de Civil, Estrutural, Ambiental e Infraestrutura (IJCSEIERD), 5,* 25-30.
166 Rerkpiboon, A., Tangchirapat, W., & Jaturapitakkul, C. (2015). Força, resistência ao cloreto e expansão de concretos contendo cinzas de bagaço moídas. *Construção e materiais de construção, 101,* 983-989.
167 Rattanashotinunt, C., Thairit, P., Tangchirapat, W., & Jaturapitakkul, C. (2013). Utilização de resíduos de carboneto de cálcio e misturas de cinzas de bagaço como um novo material cimentício em betão. *Materials & Design, 46,* 106-111.
168 Rogers, J. L. (1994). Simulação de análise estrutural com rede neural. *Journal of Computing in Civil Engineering,* 5(2), 252-265.
169 .Rossignolo, J. A., Rodrigues, M. S., Frias, M., Santos, S. F., & Junior, H. S. (2017). Melhoria da zona de transição interfacial entre agregado-matriz cimentícia por adição de cinza industrial de cana-de-açúcar. *Compósitos de Cimento e Concreto, 80,* 157-167.
170 Rukzon, S., & Chindaprasirt, P. (2012). Utilização de cinzas de bagaço em betão de alta resistência. *Materials & Design, 34,* 45-50.
171 Safiuddin, M. e Zain, M. F. M. (2006). Materiais de cimentação suplementares para concreto de alto desempenho. *BRAC Univ. J,* 3(2), 47-57.
172 Safiuddin, M., Raman, S. N., & Zain, M. F. M. (2007). Utilização de agregado fino de resíduos de pedreira em misturas de concreto. *J. Appi. Sci. Res, 3(3),* 202-208.
173 Saha, A. K., & Sarker, P. K. (2020). Efeito da exposição ao sulfato na argamassa constituída por agregado de escória de ferroníquel e materiais cimentícios suplementares, *Journal of Building Engineering,* 28, 101012.
174 Sahu, A. K., Kumar, S., & Sachan, A. K. (2009). Utilização de resíduos de pedra britada em betão. *NCACM. Metodologias e Gestão (AC3M-09),* 21-22.
175 .Santos, I., Rodrigues, J. P. L., Ramos, C. G., Martuscelli, C. C., Castañon, U. N., Alves, V. C. C., & Abreu, G. M. (2017). Efeito do ataque químico nas propriedades de compósitos cimenticios com substituição parcial de cinza de bagaço de cana de açúcar in natura. *Matéria (Rio de Janeiro), 22(2).*
176.Sales, A., & Lima, S. A. (2010). Utilização da cinza de bagaço de cana-de-açúcar brasileira em concreto como substituição de areia. *Waste management, 30(6),* 1114-1122.
177.Sangeetha, S., & Shahin, F. (2022). Uma revisão sobre as caraterísticas de resistência do concreto incorporando cinzas de bagaço de cana-de-açúcar. *Sustainability, Agri, Food and Environmental Research, 10(1).*
178.Schettino, M. A. S., & Holanda, J. N. F. (2015). Caracterização de resíduos de cinzas de bagaço de cana-de-açúcar para sua utilização em revestimento cerâmico de piso. *Procedia Materials Science, 8,* 190-196.
179.Sevim, U. K., Bilgic, H. H., Cansiz, O. F., Ozturk, M., & Atis, C. D. (2021). Modelos de previsão de resistência à compressão para compósitos cimentícios com cinzas volantes usando técnicas de aprendizado de máquina. *Materiais de construção e construção, 271,* 121584.

18O.Shafiq, N., Nuruddin, M. F., & Elhameed, A. A. (2014). Efeito da cinza de bagaço de cana-de-açúcar (SCBA) na resistência ao sulfato do concreto. *Jornal Internacional de Pesquisa Aprimorada em Ciência, Tecnologia e Engenharia, 3,* 64-67.
181.Silva, D., Gameiro, F., & de Brito, J. (2014). Propriedades mecânicas de betões estruturais contendo agregados finos provenientes de resíduos gerados pela indústria de extração de mármore. *Journal of materials in civil engineering, 26(6),* 04014008.
182.Sindhu, S., Praveenkumar, S., & Sankarasubramanian, G. (2021). Avaliação do desempenho pozolânico de cinzas de bagaço tratadas e não tratadas. Em *Tecnologias Inteligentes para o Desenvolvimento Sustentável* (pp. 359-367). Springer, Singapura
183.Singh, N. B., Singh, V. D., & Rai, S. (2000). Hydration of bagasse ash-blended portland cement. *Cement and Concrete Research, 30(9),* 1485-1488. Disponível em: https://doi.org/10.1016/S00Q8-8846 (00)00324-0.
184.Singh, S., Nagar,R., Agrawal V. (2016). Desempenho do betão de resíduos de corte de granito em condições de exposição adversas, *Journal of Cleaner Production,* 127, 172-182.
185.Sivasundaram, V., Carette, G. G., & Malhotra, V. M. (1990). Desenvolvimento de resistência a longo prazo do concreto de cinzas volantes de alto volume. *Cimento e Compósitos de Betão,* 12(4), 263-270.
186. Shah, M. I., Amin, M. N., Khan, K., Niazi, M. S. K., Aslam, F., Alyousef, R., ... & Mosavi, A. (2021). Avaliação de desempenho da computação suave para modelar as propriedades de resistência do concreto verde substituto de resíduos. *Sustentabilidade, 13(5),* 2867.
187.Srinivasan, R., & Sathiya, K. (2010). Estudo experimental sobre cinzas de bagaço em betão. *Revista Internacional de Aprendizagem de Serviços em Engenharia, Engenharia Humanitária e Empreendedorismo Social,* 5(2), 60-66.
188.Sahmaran, M., & Li, V. C. (2009). Propriedades de durabilidade de ECC microfissurado contendo altos volumes de cinzas volantes. *Cement and Concrete Research,* 59(11), 1033-1043.
189.Shanmugavadivu, P.M., Ezhilarasi, P e Prabhakar, K (2008). Projeto de mistura para concreto com pó de pedreira. *Actas, Conferência Internacional sobre Avanços em Betão e Construção,* ICACC-2008, 7-9 de fevereiro de 2008, Hyderabad, Índia, pp. 440-449.
19O.Shukla, M., Sahu, A. K., & Sachan, A. K. (1998). Desempenho do pó de pedra como agregado fino em substituição da areia em betão e argamassa. No *Seminário Nacional sobre Avanços em Betões Especiais do Instituto Indiano do Betão* (pp. 241-248).
191.Shyam Prakash, K., & Rao, C. H. (2016). Estudo sobre a resistência à compressão do pó de pedreira como agregado fino em concreto. *Avanços em Engenharia Civil, 2016.*
192.Sobhani, J., Najimi, M., & Pourkhorshidi, A. R. (2012). Efeitos dos métodos de retemperação na resistência à compressão e permeabilidade à água do concreto. *Scientia Iranica, 19(2),* 211217.
193.Sobolev, K., Vivian, I.F., Saha, R., Wasiuddin, N.M., Saltibus, N.E. (2014). O efeito das cinzas volantes nas propriedades reológicas dos materiais betuminosos, *Combustível,* 116, 471-477.
194. Sobuz, H. R., Hasan, N. M. S., Tamanna, N., & Slah, M. (2014). Propriedades do concreto usando cinzas de bagaço e agregado de reciclagem. *Cartas de pesquisa de concreto,* 5 (2), 768-785.
195.Somna, R., Jaturapitakkul, C., Rattanachu, P., & Chalee, W. (2012). Efeito da cinza de bagaço moída nas propriedades mecânicas e de durabilidade do concreto agregado reciclado. *Materials & Design (1980-2015), 36,* 597-603.
196. Souza, L. M. S. D., Fairbairn, E. D. M. R., Toledo Filho, R. D., & Cordeiro, G. C. (2014). Influência da relação CaO/SiO2 inicial na hidratação de pastas de cinza de casca de arroz-Ca (OH) 2 e cinza de bagaço de cana-de-açúcar-Ca (OH) 2. *Química Nova,* 37(10), 1600-1605.https://doi. org/10.5935/0100-4042.20140258.
1 97.Srinivasan, R., & Sathiya, K. (2010). Estudo experimental sobre cinzas de bagaço em betão. *Revista Internacional de Aprendizagem de Serviços em Engenharia, Engenharia Humanitária e Empreendedorismo Social,* 5(2), 60-66.
2 98.Sua-Iam, G., & Makul, N. (2013). Utilização de quantidades crescentes de resíduos de cinzas de bagaço para produzir betão auto-compactável através da adição de resíduos de pó de calcário. *Journal of Cleaner Production, 57,* 308-319.
199 .Tantawy, M. A., El-Roudi, A. M., & Salem, A. A. (2012). Imobilização de Cr (VI) em pastas de cimento misturadas com cinzas de bagaço. *Construção e Materiais de Construção, 30,* 218-223.
200 Taylor, M., Tam, C., & Gielen, D. (2006). Eficiência energética e emissões de CO2 da indústria global de cimento. *Coreia,* 50(2.2), 61-7.
201 Thomas, B. S., Yang, J., Mo, K. H., Abdalla, J. A., Hawileh, R. A., & Ariyachandra, E. (2021). Cinzas de

biomassa de resíduos agrícolas como materiais cimentícios suplementares ou substituição de agregados em betão de cimento / geopolímero: Uma revisão abrangente. *Jornal de Engenharia de Construção,* 102332.
202 .Tironi, A., Trezza, M. A., Scian, A. N., & Irassar, E. F. (2013). Avaliação da atividade pozolânica de diferentes argilas calcinadas. *Compósitos de Cimento e Betão, 37,* 319-327.
203 Torres Agredo, J., Mejia de Gutiérrez, R., Escandón Giraldo, C. E., & González Salcedo, L. O. (2014). Caracterização da cinza de bagaço de cana-de-açúcar como material suplementar para o cimento Portland. *Ingeniería e Investigación, 34Q),* 5-10.
204 Ukwattage, N., Ranjith, P., Yellishetty, M., Bui, H., Xu, T.(2015). Um estudo em escala de laboratório da carbonatação mineral aquosa de cinzas volantes de carvão para sequestro de CO2, *Journal of Cleaner Production,* 103, 665-674
205 Uysal, M., & Akyuncu, V. (2012). Desempenho de durabilidade do concreto incorporando cinzas volantes Classe F e Classe C. Construção e Materiais de Construção, 34, 170-178.
206 . Vargas, J., Halog, A.(2015).Effective carbon emission reductions from using upgraded fly ash in the cement industry, *Journal of Cleaner Production,103,* 948-95
207 Venkatanarayanan, H. K., & Rangaraju, P. R. (2014). Avaliação da resistência ao sulfato de argamassas de cimento Portland contendo cinzas de casca de arroz com baixo teor de carbono. *Jornal de materiais em engenharia civil, 26(4),* 582-592.
208 Verma,S.K., Singla,C.S., G.Nadda & R. Kumar. (2020).Desenvolvimento de concreto sustentável usando sílica ativa e pó de pedra, *Materials Today: Actas*
209 .Vijayalakshmi, M. &Sekar, A. S. S. (2013). Propriedades de resistência e durabilidade do concreto feito com resíduos da indústria de granito, *Materiais de Construção e Construção, 46,* 1-7
210 Villar-Cociña, E., Frias, M., & Valencia-Morales, E. (2008). Resíduos de cana-de-açúcar como materiais pozolânicos: aplicações de modelo matemático. Instituto Americano do Betão.
211 Wu, Z., & Naik, T. R. (2002). Propriedades do betão produzido a partir de misturas de cimentos multicomponentes. *Cement and Concrete Research,* 52(12), 1937-1942.
212 Yin, J., Zhou, S., Xie, Y., Chen, Y., & Yan, Q. (2002). Investigação sobre a composição e aplicação do betão de alto desempenho C80-C100. *Cement and concrete research, 32(2),* 173-177.
213 Zhutovsky, S., & Hooton, R. D. (2017). Estudo experimental sobre o ataque físico de sal de sulfato. *Materiais e Estruturas,* 50(1), 1-10.
214 Zuquan, J., Wei, S., Yunsheng, Z., Jinyang, J., & Jianzhong, L. (2007). Interação entre o ataque de soluções de sulfato e cloreto de betões com e sem cinzas volantes. *Cement and Concrete Research,* 57(8), 1223-1232.

PUBLICAÇÕES

1. Jha, P., Sachan, A. K., & Singh, R. P. (2020). Análise microestrutural do betão: utilizando resíduos de cinzas de bagaço como substituição parcial do cimento. Jornal Indiano de Proteção Ambiental (IJEP). Vol. 40 (03) pp 269-275 (indexado SCOPUS)

2. Jha, P., Sachan, A. K., & Singh, R. P. (2021). Investigação sobre a durabilidade do concreto com substituição parcial do cimento por cinza de bagaço (BAH) e areia por pó de pedra (SDT). Materiais Hoje: Proceedings. Vol. 43 (01) pp 237-243 (SCOPUS indexed)

3. Jha, P., Sachan, A. K., & Singh, R. P. (2020). Cinza de bagaço de cana-de-açúcar de resíduos agrícolas (ScBA) como substituição parcial de material aglutinante em concreto. Materiais Hoje: Proceedings Vol. 44 (01) pp 419-427 (SCOPUS indexado)

4. Jha, P., Sachan, A. K., & Singh, R. P. Experimental investigation o strength properties and durability of concrete containing sugarcane bagasse ash and stone dust Under review (minor revision) in Sugar Tech (SCI indexed)

5. Jha, P., Sachan, A. K., & Singh, R. P. Sugarcane Industry and its Waste Generated for Making Sustainable Construction Materials: A review. Comunicado em Sugar Tech (SCI indexado)

CAPÍTULOS DE LIVROS

6. Jha, P., Sachan, A. K., & Singh, R. P. (2020, fevereiro). Utilização de pó de pedra como uma alternativa eficaz para a substituição de areia em concreto. Na Conferência Internacional sobre Tecnologias Inovadoras para o Desenvolvimento Limpo e Sustentável (pp. 513-526). Springer, Cham. (SCOPUS indexado)

7. Jha, P., Sachan, A. K., & Singh, R. P. (2021). Propriedades do Concreto com Cinza de Bagaço e Pó de Pedra Exposto ao Ataque de Sulfato. Avanços recentes em engenharia estrutural: Procedimentos selecionados doNCRASE 2020, 135, 29 (SCOPUS indexado)

8. Jha, P., Sachan, A. K., & Singh, R. P.(2021). Cinza de Bagaço (ScBa) e sua Utilização em Concreto como Material Pozolânico: Uma revisão. Avanços em Geotecnia e Engenharia Estrutural: Procedimentos selecionados doTRACE 2020, 471-480 (SCOPUS indexado)

9. Jha, P., Sachan, A. K., & Singh, R. P. An Overview: Supplementary Cementitious Materials" - aceite em Lecture notes in civil engineering (Springer) (SCOPUS indexed)

CONFERÊNCIAS

1. Trabalho apresentado na Conferência Internacional sobre Tendências Recentes em Engenharia e Ciências (ICRTES-2018) com o título "SUPPLEMENTARY CEMENTITIOUS MATERIALS" no Hotel Keys, Daba Garden, Visakhapatnam, Andhra Pradesh, Índia (20-21 de fevereiro de 2018)

2. Apresentou um cartaz na Conferência Internacional sobre ENERGIA E TECNOLOGIAS AMBIENTAIS PARA O DESENVOLVIMENTO SUSTENTÁVEL CHEM-CONFLUX 20 com o título "Estudo sobre o efeito de materiais cimentícios suplementares (SCM) como substituição de cimento nas propriedades do betão" em MNNIT Prayagraj Índia (14-16 FEV 2020)

3. Apresentou um artigo na 3ª Conferência Internacional sobre Tecnologias Inovadoras para o Desenvolvimento Limpo e Sustentável (ITCSD 2020) com o título "Utilização de pó de pedra como alternativa eficaz para a substituição de areia em betão" em NITTTR, Setor-26 Chandigarh. (19-21 DE FEVEREIRO DE 2020)

4. Apresentou um trabalho de investigação na Conferência Nacional sobre Avanços Recentes em Engenharia Estrutural, 2020 (NCRASE-2020) com o título "Propriedades do betão com cinza de bagaço e pó de pedra exposto ao ataque de sulfato" no Instituto Nacional de Tecnologia de Jamshedpur (NITJ), Jamshedpur, Índia (21-22 de agosto de 2020)

5. Artigo de revisão apresentado na 3ª Conferência Internacional sobre Tendências e Avanços Recentes em Engenharia Civil, 2020 (TRACE 2020) com o título "Cinza de bagaço (ScBa) e sua utilização em concreto como material pozolânico: AReview" na Escola de Engenharia & Tecnologia Amity University Uttar Pradesh, Noida, Índia (20-21Agosto 2020)

6. Apresentou um trabalho de investigação na 1ª Conferência Internacional sobre Energia, Ciências dos Materiais e Engenharia Mecânica, 2020 (EMSME 2020) com o título "Investigação sobre a durabilidade do betão com substituição parcial do cimento por cinza de bagaço (BAH) e areia por pó de pedra (SDT)" no Instituto Nacional de Tecnologia de Deli (NITD), Deli (30 de outubro-1 de novembro de 2020)

7. Apresentou um artigo de investigação na 11.ª Conferência Internacional sobre Fabrico e Caracterização de Materiais, 2020 (ICMPC 2020) com o título "Cinzas de bagaço de cana-de-açúcar de resíduos agrícolas (ScBA) como substituição parcial de material ligante em betão" no Instituto Indiano de Tecnologia (IIT), Indore (15-17 de dezembro de 2020)

8. Apresentou um trabalho de investigação na primeira Conferência Internacional sobre Materiais de Construção e Ambiente, 2021 (ICCME - 2021), com o título "An Overview: Supplementary Cementitious Materials" na Universidade Jaypee de Tecnologia da Informação (JUIT), Waknaghat, Himachal (3-4 de junho de 2021)

APÊNDICE -A

CONCEPÇÃO DE MISTURAS DE BETÃO DE CONTROLO PELO MÉTODO IS (IS 10262-2019)

Dados

Grau de betão *M25*
Grau de cimento *43*
Grau de controlo da qualidade *Bom*
Conteúdo de ar *2%*
Tipo de exposição
Queda
Tamanho máximo do agregado *moderado 50-100 mm*
Forma do agregado grosso Gravidade específica do cimento *20 mm Angular 3.14*
Gravidade específica do agregado grosso *2,65 (10mm)*
2,76 (20 mm)
2.51
Gravidade específica da areia Zona de classificação da areia Mistura química *Zona II*
Super plastificante

Etapas de conceção

1. Objetivo Força média

Resistência média alvo f_{ck} média = f_{ck} + t*S
= f_{ck} +1.65*S

= 25 + 1.65*4

= 31,6 N/mm^2

2. Relação água/cimento

Relação W/c de acordo com o Quadro 5 da IS 456 Relação w/c = 0,43
Mínimo de (0,43, 0,55) Consideração da durabilidade
Assume-se uma relação W/C = 0,43

3. Seleção do teor de água

Teor máximo de água com base numa dimensão de agregado de 20 mm
= 1861
Para um abatimento de 75 mm, este teor de água é aumentado em 3% por cada 25 mm
Aumento do abatimento
= 186 + 186*3/100
= 191.581
Para um abatimento de 100 mm, este teor de água é aumentado em 6% por cada 25 mm
Aumento do abatimento
= 186 + 186*6/100
= 197.161
À base de super plastificante, 29% de redução de água
Teor de água = 197,16*0,71
= 1401

4. Cálculo do teor de cimento

relação a/c = 0,43
Água utilizada =140 litros
Cimento = (140/0,43) = 326 kg/m^3 > 300 kg/m^3 (min) OK
Isto é mais do que o teor mínimo de cimento de acordo com o Quadro 5 da IS: 456.
O cimento calculado é superior ao teor mínimo de cimento, pelo que se utiliza 326 kg/m^3

5. Cálculo do teor de agregados grossos e finos

O volume de agregado grosso correspondente ao agregado de dimensão 20 mm e à zona II do agregado fino para uma relação a/c de 0,5 é de 0,62
Relação a/c atual =0,43
O rácio água-cimento é reduzido em (0,62-0,43) = 0,07
O agregado grosso é reduzido à razão de 0,01 por cada aumento da relação a/c de 0,05

Rácio de agregados grossos = 0,634 (incluindo ajustamentos)
Rácio de agregados finos = 0,366

6. Cálculo das proporções da mistura

Um volume de betão	= 1 -0.02 = 0.98 m^3
B Volume total de cimento	= Cimento/(S.G*1000)
	= 326/(3.15*1000)
	= 0,10349 cu.m
CVolume de água	= Água/(S.G*1000)
	= 140/(1*1000)
	= 0,140 cu.m
Volume do aditivo químico π	=0.01*326/(1.145*1000)
LJ	= 0,002847 cu.m
(1% do peso do cimento)	
ETotal de agregados necessários	= A - (B+C+D)
	= 0.98 -(0.10349+0.140+0.002847)
	= 0,73366 cu.m
FCoarse Aggregate (C.A)	= E* rácio C.A *S.G* 1000
	= 0.73366*0.634*2.7 *1000
	= 1255,876 kg/m^3
Agregados grosseiros de 20 mm (60%)	=1255.876*0.6
	=753,52 kg/m^3
	=1255.876*0.4
Agregados grosseiros de 10 mm (40%)	=502,35 kg/m^3

F Agregado fino (F.A) = E* rácio F.A * S.G * 1000
= 0.73366*0.366*2.6*1000
= 698,15 kg/m^3

Com base no estado do sítio

Absorção de água do agregado grosso = 0,5%.
Absorção de água para o agregado grosso = 0,5/100*1255,876 = 6,27 1
Absorção de água da areia =1%
Absorção de água pela areia = 0,1/100*698,15 = 6,98 1
Absorção total de água = 6,27+6,98=131
Esta quantidade de água necessária = 140 +13 = 153 1
5% de água adicionada para o abatimento necessário = 153+ (0,05*153) = 160,65 1=160,65 kg/m^3
X-ч J - JJ - 4• 1 3"" J 1 ЖЧ T - 1 J

Quantidade de material necessário por m de betão por Peso

Cimento = 326 kg/m^3
Água = 160,65 kg/m^3
Areia = 698 kg/m^3
Agregado grosso = 1255,876 kg/m^3
20mm = 753,5 kg/m^3
10mm = 502,35 kg/m^3
Super plastificante = 3,26 kg/m^3

APÊNDICE -B

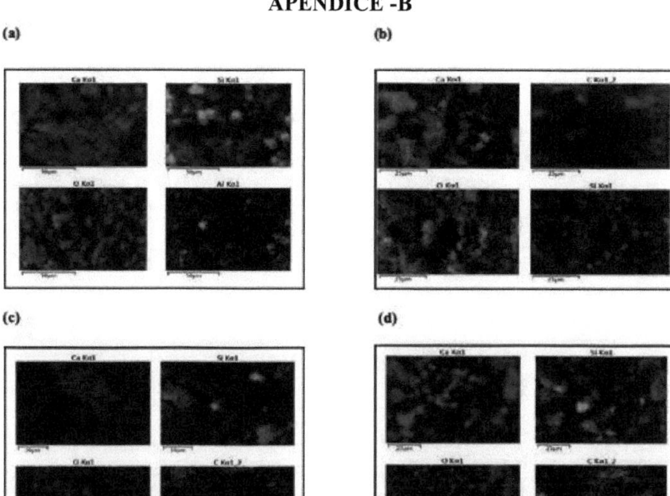

Figura B 6.1 Mapeamento elementar mostrando imagens da amostra de betão ideal (10BA40SD) quando curada em água durante (a) 28 dias (b)90 dias (c)180 dias (d) 365 dias

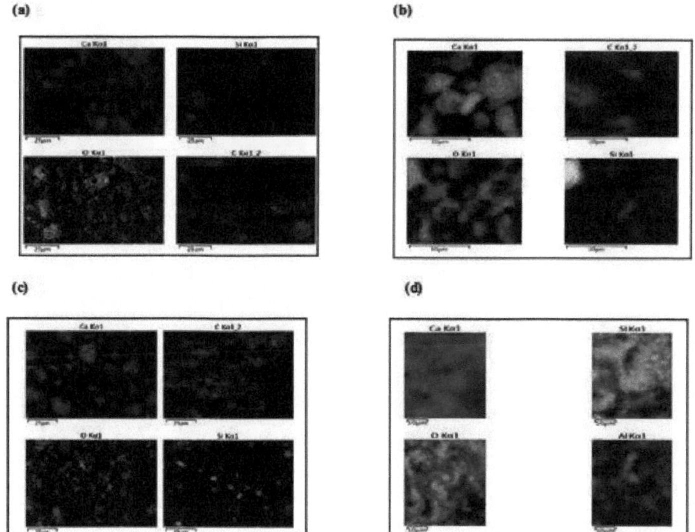

Figura B 6.2 Mapeamento elementar mostrando imagens da amostra de betão ideal (10BA40SD) quando curada em lOOOOppm SS durante (a) 28 dias (b)90 dias (c)180 dias (d) 365 dias

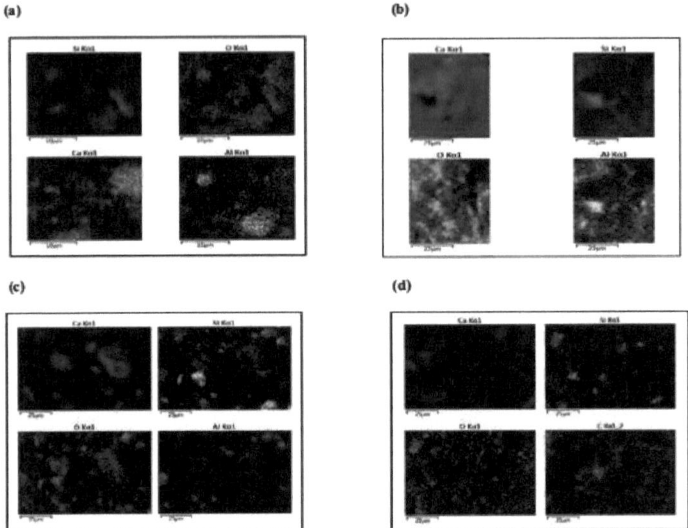

Figura B 6.3 Mapeamento elementar mostrando imagens da amostra de betão ideal (10BA40SD) quando curada em 15000ppm SS durante (a) 28 dias (b)90 dias (c)180 dias (d) 365 dias

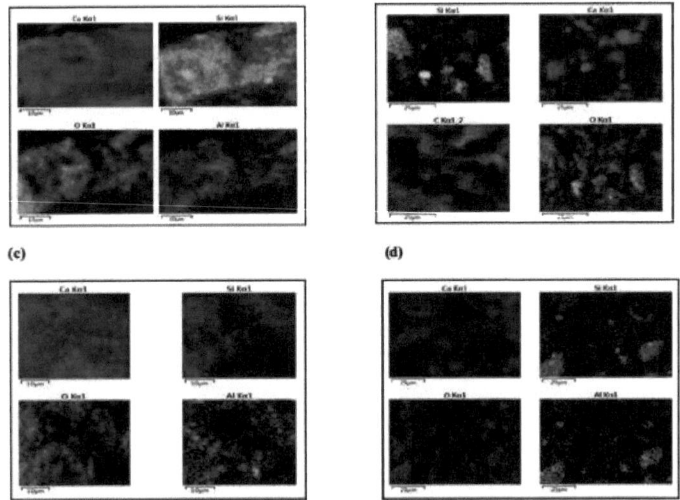

Figura B 6.4 Mapeamento elementar mostrando imagens da amostra de betão ideal (10BA40SD) quando curada em 20000ppm SS durante (a) 28 dias (b)90 dias (c)180 dias (d) 365 dias

Printed by Books on Demand GmbH, Norderstedt / Germany